하늘밥상
소금누룩

하늘밥상 소금누룩

펴 낸 날/ 초판1쇄 2015년 10월 31일
초판2쇄 2020년 09월 01일
지 은 이/ 이인자
펴 낸 이/ 이대건
편 집/ 책마을해리
사 진/ 이인자, 스튜디오 AZA
디 자 인/ 남철우
펴 낸 곳/ 도서출판 기역
출판등록/ 2010년 8월 2일(제313-2010-236)
주 소/ 서울 서대문구 북아현로 16길7
전북 고창군 해리면 월봉성산길88 책마을해리
문 의/ (대표전화)070-4175-0914, (전송)070-4209-1709

ISBN 979-11-85057-19-4 03590

이 도서의 국립중앙도서관 출판예정도서목록(CIP)은 서지정보유통지원시스템 홈페이지(http://seoji.nl.go.kr)와 국가자료공동목록시스템(http://www.nl.go.kr/kolisnet)에서 이용하실 수 있습니다. (CIP제어번호: CIP2015008481)

천연·발효·조미료

하늘밥상 소금누룩

이인자 지음

ㄱ

인생의 돌담길을 굽이굽이 돌아 요리연구가의 길로 들어섰습니다. 그동안 가슴에 담아둔 음식에 관한 얘기를 한 권의 책으로 묶었습니다. 덧붙여 제가 살아온 길도 조심스레 풀어놓습니다.

음식은 만드는 사람과 먹고 느끼는 사람이 있습니다. 요리 솜씨도 좋았지만 음식 인심이 넉넉했던 어머니 밑에서 엄마표 음식을 먹으며, 어머니를 거들면서 요리를 배운 저는 어떤 마음을 담아서 음식을 만드는 지가 맛을 결정한다는 생각을 늘 합니다.

인생의 의미가 사람마다 다르듯이 맛의 기준도 각자 다를 것입니다. 그 기준은 시간이 흐르면서 바뀌기도 하지만 추억의 앨범에는 늘 음식이 등장합니다. 누구와 어떤 음식을 먹었는지, 함께 먹었던 사람이 중요하듯 음식은 삶이자, 곧 사람입니다.

이 책은 몸에 좋은 발효음식에 대한 얘기가 많은 부분을 차지합니다. 바른 먹을거리가 건강을 좌우한다는 것을 잘 알면서도 몸에 좋다는 새 음식만 쫓느라 늘 우리 주변에 있는 전통발효식품을 소홀히 취급할 때가 많습니다. 덜 짜고 덜 매운 전통발효식품은 우리 몸을 살리는 좋은 음식이라는 확신을 갖고 제가 공부해온 '소금누룩' 얘기를 여러분께 전해드립니다.

prologue

우리 앞에 놓인 인생이 늘 감칠맛 나는 세상은 아니겠지요. 그러나 온갖 맛들이 존재하는 세상의 모든 음식들에 대한 끝없는 호기심을 갖고 늘 가슴 두근거리는 새로운 도전을 시도한다면 우리 인생도 좀 더 다채로워지지 않을까 생각해봅니다.

이 책 출판을 계기로 저의 삶에도 새로운 전환점이 왔으면 하는 기대로 가슴이 벅찹니다. 육십 평생의 얘기를 한 권의 책으로 묶기까지 용기를 주신 많은 분들께 감사드리며 요리연구가의 길로 접어들게해 주신 송재철 교수님께 감사드립니다.

특별히 지금까지 삶의 구비마다 용기를 주고 도움을 주신 모든 분들과 특히 먼 이국땅 일본 구마모토시의 기요나가 가족을 비롯해서 지금도 끊임없이 지도해주시는 구마모토 미사토초의 시노쯔까 가족과 야베의 와타나베 가족과 하시모토 회장님께 감사드립니다.

그리고 이 책의 출판을 위해 동분서주해 주신 이대건 대표님과 여러분들의 노고에 고마움을 전합니다.

2015년 10월 이인자

contents

1. 발효, 음식에 빠져들다

life story 추억이 된 음식들
전기냄비에 노란 알배추가 보글보글 14
소풍에는 유부초밥 19
개미학교 아이들 23
딸기 하나 못 먹고 봄이 가는구나! 28
생명을 준 음식 33
할머니표 시금장 39

food story 생명의 원리를 품은 누룩균
누룩이란? 46
누룩의 역사 49
누룩의 종류 52
누룩과 발효 54

life story 다섯 가지 맛이 담긴 세상
이랏샤이마세! 60
유리문에 매달려도 수업시간이 즐거워 66
눈물의 회식 담당 70
일본어 스타강사, 이인자 74
바깥일 하는 엄마의 비애 79
요리연구가의 꿈을 안고 다시 일본으로! 84

food story 쌀누룩 꽃피다

쌀누룩이란? **90**

life story 감칠맛 나는 인생

치유의 음식, 매크로바이오틱스 **98**

보건소 지정 착한 식당, 미가 **102**

쌀누룩을 만나다 **110**

구마모토와 소금누룩 **115**

열정을 깨우는 긍정 레시피 **121**

부산 김밥집 할머니 **126**

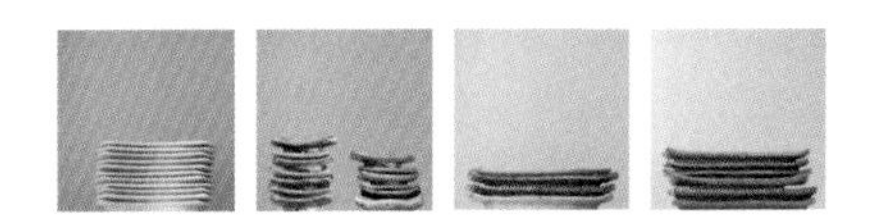

contents

2. 소금누룩, 음식으로 피어나다

몸에 좋은 발효조미료, 소금누룩

소금누룩이란? **137**

소금누룩의 효능 **138**

소금누룩 만드는 법 **140**

소금누룩 절임음식

소금누룩 발효 두부치즈 **144**

소금누룩 채소 절임 **146**

소금누룩 과일 발효 김치 **148**

소금누룩 발효 육포 **150**

소금누룩 활용음식

곤약 표고버섯 볶음 **154**

소금누룩 조개찜 **157**

흰살생선 채소찜 **160**

소금누룩 우엉조림 **162**

소금누룩 애호박탕 **164**

닭다리살 스테이크 **166**

토마토소스 연근 햄버거 **168**

돼지고기 배추볶음 **170**

단호박 두유수프 **172**

소금누룩 우동채소볶음 **174**

표고버섯 근채류밥 **176**

소금누룩을 소스로 활용하기

간장누룩 **180**
시금장 **182**
소금누룩 발효 막장 **184**
쌀누룩으로 만든 저염된장 **186**
무설탕 쌀누룩 잼 **189**
쌀누룩 블루베리 토스트 **192**
무 쌀누룩잼 절임 **194**

부록

50도(℃) 세척과 70도(℃) 찜 **198**
재료를 살리는 50도(℃) 세척법 **200**
다이어트에 좋은 70도(℃) 찜 **204**

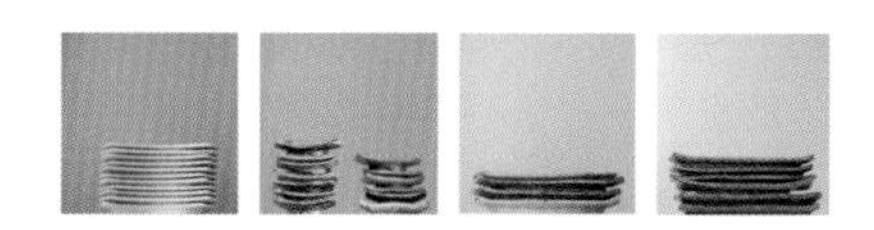

1. 발효,
음식에 빠져들다

MODELLO DEPOSITATO
DIAMETRO 86 mm

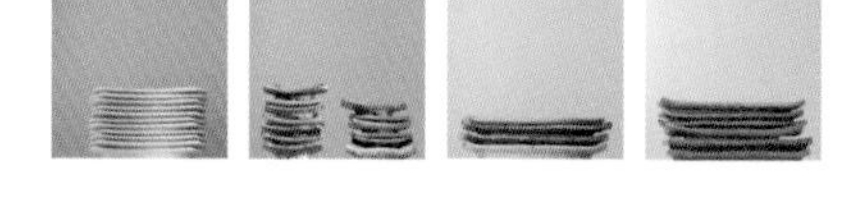

일본의 음식문화연구가 이시게나오미치石毛直道는

그의 저서 『식탁문명론食卓文明論』에서

인간만이 다른 사람들과 식사를 함께하는 공식共食 동물이라고 했다.

식사를 함께한다는 것은 친밀감의 상징이다.

누군가와 무언가를 함께 나눠 먹는다는 것!

그것은 긴 대화보다 훨씬 더 가까운 감정을 갖게 해 준다.

때로는 어떤 사람의 이름이나 인상보다,

언제 어디서 무엇을 함께 먹었는지가 더 오래 기억되기도 한다.

입 안 가득 느꼈던 맛의 기억을 하나하나 되짚어 가다 보면,

시간 뒤편에 밀려나 있던 기억이 문득 떠오른다.

기억 속 음식은 추억이 더해져 실제보다

더 맛있게 기억되는 법이다.

life story

추억이 된 음식들

전기냄비에 노란 알배추가 보글보글

"야야, 저거 하나 사면 안 되나?"

어머니가 홈쇼핑을 보며 하시는 말씀이다. 어머니는 아흔을 바라보는 나이에도 홈쇼핑에 등장하는 주방기구를 보면 눈을 반짝이신다. 젊어서부터 음식 만들기를 좋아하시더니 그 연세가 되어도 여전하시다. 가장 좋아하는 텔레비전 프로그램도 요리프로그램이다. 보고 따라 해 드실 것도 아니면서 요리프로그램이 끝나기 전에는 경로당에도 안 나가신다.

어렸을 때 우리 집은 기와집이었다. 초가집 일색이던 마을에서 기와집에 사는 우리 형제들은 기와집 아이들로 불렸다. 먹고살기 힘들던 때라 기와집에 사는 것만으로도 어깨가 으쓱했다.

부모님은 육 남매 뒷바라지가 힘드셨겠지만 우리는 다른 아이들보다 여유로운 어린 시절을 보냈다. 어머니는 대구에서 방직공장을 하시는 부모님 아래서 부족함 없이 자라서 그런지 손이 크셨다. 음식을 하나 하더라도 뭐든 많이 만들어서 동네 사람들과 골고루 나누셨다. 온 동네 잔치음식 장만은 늘 어머니 차지였다. 돈을 받는 것도 아닌데 언제나 정성을 다해 음식을 만드시던 어머니 모습이 눈에 선하다.

지금 생각해보면 동네잔치에 불려다니며 솜씨자랑을 하시는 게 꽤나 신나셨던 모양이다. 그러나 나는 우울했다. 위로 오빠들이 있어도 딸로는 맏이라 자연스레 부엌일을 거들어야 했으니, 어머니 일이 많아지면 덩달아 내 몫의 집안일도 많아졌기 때문이다.

잔치음식으로 부침개도 많이 부쳤는데, 특히 부추부침개를 잘 만드셨다. 채소 부침개 맛은 얼마나 얇게 부치느냐에 달렸다. 어머니가 부치는 부추부침개는 가지런하고 얄팍해 그 솜씨를 따를 사람이 없었다. 지금은 올케언니가 어머니 솜씨를 이어받아서, 아버지 제삿날 집에 가면 어머니의 얄팍하고 가지런한 솜씨를 맛볼 수 있다.

남편이 입이 닳도록 칭찬하며 좋아하는 부추부침개. 사실 어머니의 수제자는 나다. 어려서부터 어머니 솜씨를 흉내 내 부침개를 많이도 부쳤다. 처음에는 일손을 돕느라 어쩔 수 없이 부쳤는데, 한번은 동네아주머니들이 놀러 오셔서 "나이도 어린데 어쩜 이리 얌전히 잘 부치느냐"고 침이 마르도록 칭찬해주셨다. 그 뒤로는 손님만 오면 으레 나서서 부침개를 부쳤다. 그러다 보니 부침개 정도는 눈을 감고도 부칠 정도였다.

어머니는 김장도 많이 했다. 해마다 김장 날이 되면 마당에 배추가 산처럼 쌓여 있었다. 고무장갑도 없던 시절이라 어머니는 따뜻한 물에 손을 녹여가면서 배추를 손질하셨다. 딸 셋이 모두 나서 어머니를 거드는데, 그 사이 따뜻한 아랫목에 앉아만 있던 오빠들이 얄미웠다. 큰 오빠들을 두고 딸들만 일을 시키는 어머니가 더 미웠다. 어쩔 수 없이 일을 거들면서도 모두 입을 삐쭉거리며, 시집가서는 김장 따위는 절대 안 할 거라며 투덜거렸다.

우리 자매들은 가끔 철없던 그때를 이야기하며 웃는다. 젓갈이며 고추장, 된장까지 다 직접 담가 먹을 때니 때마다 뒤치다꺼리가 많았다. 설거지는 항상 막이인 내 몫이었다. 장 담그는 날은 왜 그리 추웠는지……. 설거지가 끝나면 꽁꽁 언 손이 벌겋게 달아 있었다. 여자애가 반듯반듯 얌전하게 일을 못 한다고 맞았던 기억도 있다. 그래서 나중에 요리 같은 것은 절대 안 하고 살리라 다짐했었다. 하지만 딸은 엄마를 닮는다더니, 나이가 들수록 점점 더 어머니를 닮아가고 있는 나와 자주 마주친다.

특별한 날, 어머니는 고기전골을 해주셨다. 그날은 육 남매 모두 군침을 삼키며 저녁상을 기다렸다. 두루치기나 전골의 중간쯤 되는 음식인데, 요즘 맛있다는 식당을 다 찾아다녀도 어머니의 그 맛을 따를 곳이 없다.

부엌 선반에는 어머니가 아끼는 전기냄비가 상자에 담긴 채 신

친정어머니와 우리 육 남매. 나는 어머니에게서 맛을 배웠다.

줏단지처럼 얹혀 있었다. 특별한 날이면 전기냄비를 꺼내 쓰시고, 쓰자마자 물기 하나 없이 깨끗하게 닦아서 다시 상자에 넣어 선반 위에 올려 놓으셨다. 고기전골을 해주시는 날이면 이 전기냄비가 상 위에 올랐다. 부엌에서 통통거리는 도마 소리가 들리고 맛있는 냄새가 코끝을 간질일 때쯤, 어머니는 우리 형제들을 한 상에 빙 둘러앉히고 상에 전기냄비를 올려 놓으셨다. 냄비에는 전골이 맛있는 냄새를 풍기며 보글보글 끓었다. 고기보다 잡채나 채소가 훨씬 더 많았지만, 좋은 재료를 아낌없이 넣고 끓인 전골은 갖은 채소와 양념이 어우러져 깊은 맛을 더했다. 육 남매가 서로 다퉈가며 젓가락질을 해대면 건더기는 금세 없어지고 국물만 남았다. 남은 국물에 말아먹는 밥맛도 일품이었다. 그때그때 제철 채소를 넣어주셨는데, 아마 겨울이었던가? 냄비 속에서 보글보글 끓던 노란 알배추를 지금도 잊을 수 없다.

우리 집에서는 '그 집 참 맛있다'는 식당에 대한 최종 평가가 어머니의 혀끝에서 결정된다. 육 남매와 사위, 며느리의 평가가 아무리 예리해도 최종 평가와 결론은 늘 어머니 몫이다. 그래서 맛에 대해 까다로운 맏사위도 모든 음식에 대한 평가는 어머니께 물어보고 동의를 구하는 것으로 끝맺는다. 그만큼 우리 집에서 음식에 관한 어머니의 권위는 절대적이다. 70년 요리경력을 지닌 어머니는 지금도 여전히 내 요리 멘토로 활약하신다.

때마다 제철 재료로 차려주신 어머니의 밥상은 내게 음식문화의 정수를 심어주셨다. 음식을 만들고 나누며 행복해하던 어머니와 동네 사람들의 모습은 오늘날 요리연구가의 길을 걷게 한 소중한 씨앗이 되었다.

나도 엄마가 되어보니 가족들을 위해 정성껏 차린 밥은 단지 허기만 채우는 것이 아니라, 몸과 마음에 생기를 북돋아 준다는 것을 깨달았다. 엄마의 밥은 가족을 지탱해 주는 힘이 된다. 그 소중함을 누구보다 잘 아실 어머니는 지금도 요리에 대해 간섭하시곤 한다.

"이건 짜다. 이건 감칠맛이 안 난다. 이건 왜 깊은 맛이 안 나는 게냐……."

소풍에는 유부초밥

내가 어렸을 때는 따뜻한 물로 세수라도 할라치면 아침 일찍 일어나야 했다. 따뜻한 물이라고는 연탄아궁이에 얹어둔 솥 하나가 전부였기 때문이다. 온 가족이 한 바가지씩만 써도 물은 금세 바닥이 났다. 그때는 아무 때나 수도꼭지만 틀면 뜨거운 물이 펑펑 쏟아지는 세상이 올 거라고는 상상도 못 했다. 새벽녘 연탄아궁이에는 밥솥보다 먼저 물솥이 얹어졌다. 밤새 방을 덥히던 연탄아궁이가 온수기로 바뀌는 순간이었다.

소풍 전날이면 물솥은 유부 삶는 솥으로 바뀌었다. 어머니는 한 솥 가득 유부를 넣고 간장, 설탕으로 간을 해서 유부를 삶으셨다. 방 밖 연탄아궁이에서 맛있는 냄새가 방안으로 솔솔 흘러들었다. 지금처럼 집 가까운 마트에서 흔하게 유부초밥 재료를 살 수 있던 때가 아니었으니, 소풍날도 잔칫날처럼 밤새 재료 준비를 하셨다.

유부 삶는 일에는 손이 많이 간다. 자다가도 한 번씩 방문을 열고 솥을 휘휘 저어야 한다. 그래야 간도 고루 잘 배고 눌어붙지 않는다. 날이 새면 어머니는 새벽같이 일어나 밤새 알맞게 삶아진 유부를 함지박에 옮겨놓고, 그 솥에 우엉이며 당근 같은 갖가지 채소와 고기를 다져 넣고 볶음밥을 만드셨다. 밥이 다 되면 마루에 도시락이 좌르륵 펼쳐졌다. 소풍 가는 아이가 한 명뿐이어도 도시락은 육 남매 모두 돌아가도록 여섯 개였다. 삶은 밤, 삶은 달걀과 사이다도 여섯 꾸러미였다.

김밥도 흔치 않던 시절이었으니 유부초밥은 단연 인기였다. 도시락을 열자마자 친구들이 모두 집어가는 통에 입에도 대지 못한 채 순식간에 유부초밥이 사라져버린 적도 있었다. 애들에게 뺏길까 봐 몰래 숨어서 먹기도 했다. 그걸 안 어머니는 친구들 몫까지 더 많은 유부초밥을 싸주셨다. 거기에 선생님들 도시락까지 더하니 어느 해는 유부초밥을 꼭꼭 담은 도시락 여러 개를 짊어지고 소풍을 가기도 했다.

나중에는 점점 늘어나는 유부초밥 만들기가 힘에 부치셨던 모양인지, 딸들에게 유부초밥 만드는 일을 시키셨다. 한밤중에 나가 유부를 젓는 일은 정말 고역 중에 고역이었다. 유부에 밥을 채우라고 새벽같이 깨우실 때는 소풍 가는 것 자체가 싫어지기도 했다. 도시락을 싸고 설거지를 도우면서, 우리 어머니는 계모가 아닐까 투덜거리기도 했다. 그렇지만 통통하게 볶은 밥을 채운 유부초밥을 한입 베어물 때면 언제 투덜거렸나 싶게 꿀맛이었다.

어른이 돼서도 나는 '소풍'하면 '유부초밥'이 떠오른다. 마트에서 유부를 보면 소풍날이 생각난다. 연탄불에서 조려지는 유부를 보며 한 해 한 해 자랐으니, 몸이 아파 기운이 없고 입맛이 없을 때도 유부초밥을 먹으면 훌훌 털고 일어날 것만 같다. 자연스레 유부초밥은 나의 '소울푸드'가 되었다. 그래서인지 집에 손님이 올 때도 유부초밥을 빠지지 않고 넉넉하게 만들었다. 우리 아이들에게도 유부초밥을 자주 해줬다. 아이들이 어렸을 때는 밥투정이 심해서 다른 애들과 어울려 먹으면 잘 먹을까 하는 마음에 김밥이며 떡볶이를 만들어서 동네파티를 자주 했다. 그때도 빠뜨리지 않고 유부초밥을 만들었다. 동네 아이들은 신나서 먹는데, 우리 애들은 밥도 안 먹고 노는 데만 정신 팔려 있어서 속이 쓰리기도 했다.

오랜 내공이 쌓여서인지 나는 유부초밥을 정말 잘 만든다. 나만의 비법으로 두부에 어울릴 재료들을 골고루 넣어서 영양의 균형을 맞추고, 소금누룩으로 간을 한다. 그런데 다들 맛있다고 하는 내 유부초밥도 어린 시절 먹었던 어머니의 유부초밥 맛을 뛰어넘지 못한다. "엄마가 해주던 유부초밥, 정말 맛있었는데……"하고 말하면 어머니는 "그때는 다 그렇게 맛있었는데, 요새는 왜 그때만큼 맛이 없는지 모르겠다. 먹을 게 흔해져서 그런가?" 하신다.

어머니의 유부초밥은 우리 모두에게 맛난 것을 듬뿍 먹이고 싶으셨던 어머니의 마음이 담겨서 더 통통하고 맛있었던 것은 아닐까? 그런데 왜 김밥이 아니고 유부초밥이었을까? 어른이 된 후에

소풍의 추억은 친구들과 쌓은 우정보다 먼저 유부초밥의 맛으로 피어난다(여고시절).

야 문득 그게 궁금해졌다. "김밥보다 더 빨리 많이 만들 수 있잖아. 그래야 다들 배부르게 먹을 수 있고……." 그렇다. 어머니에게 유부초밥은 '나눔'이고 '사랑'이었다. 손 크게 음식을 만드셔서 이 사람 저 사람 나눠 먹는 것을 즐겼던 어머니를 닮아서, 나도 음식을 만들 때면 자꾸 커지는 손, 어쩔 수가 없다.

그동안 그렇게 유부초밥을 자주 만들면서도 한 번도 어머니에게 내 유부초밥을 선보인 적은 없었던 것 같다. 벚꽃이 피면 어머니를 모시고 도시락을 싸서 소풍을 가고 싶다. 모든 비법을 다 동원해서 최고로 맛있는 유부초밥을 만들어야겠다. 도시락에 담긴 통통하고 맛난 유부초밥을 먹으면서, 어머니와 함께 옛 시절로 되돌아가 보리라.

개미학교 아이들

아버지는 유난히 엄하셨다. 나는 고등학교를 졸업하고서도 해가 지기 전에는 반드시 집에 들어가야 했다. 대학도 여자만 다니는 학과가 아니면 보내주지 않겠다고 하셨다. 그래서 선택한 것이 가정대학이다. 의상학을 전공으로 선택했지만 내게는 그리 흥미로운 분야가 아니었다. 그러니 전공 수업시간에도 영어나 일본어책을 펴놓고 혼자 공부하기 일쑤였다.

대입 시험이 끝나고 입학할 때까지 공백기에 큰오빠 친구들이 하는 일본어 공부 모임에 홍일점으로 합류하게 되었다. 중학교 때부터 오빠 친구들이 집에 오면 밤늦은 시간에도 싫은 내색 없이 김치볶음밥을 만들어주었던 공로를 인정받아 반대 없이 모임에 합류할 수 있었다. 지금 생각해보면 내 삶에 큰 전환점이 되었던 순간이다. 그때 공부 모임에서 나를 가르쳤던 선생님이 훗날 내가 대학에서 강의할 수 있도록 발판을 마련해 주신 영산대학교 대학원 이우석 원장님이다.

공부 모임에서 잠깐 배웠던 일본어에 맛들려 전공보다 어학 공부에 더 열중했다. 일본어에 심취하자 영어에도 관심이 생겼다. 나중에는 영어 동아리까지 들 정도로 어학이 재미있었다. 당시 대학 동아리 활동은 지금처럼 활발하지 않았지만, 여학생들의 희소가치가 높아서 어디에서든 환영받았다.

내가 대학을 다니던 1970년대는 나라 전체가 여전히 가난한 시절이었다. 다행히 우리집은 아버지 사업이 비교적 순탄해 먹고 사는 것뿐 아니라 학교도 어렵지 않게 다닐 수 있었다. 그때는 모든 것이 그리 특별하게 생각되지 않았는데, 엄마가 되고 아들 둘을 학교 보내는 나이가 되어보니 대가족의 가장이었던 아버지가 얼마나 얼마나 위대한 분인지 새삼 깨닫는다. 육 남매 모두 대학을 마칠 때까지 얼마나 힘드셨을까, 아이들과 씨름하면서, 가정을 꾸려가면서, 힘이 들거나 지칠 때면 문득문득 아버지 생각에 마음이 아려온다.

그 시절에는 먹을 것이 없어서 보릿고개를 넘지 못하는 사람들도 여전히 많았다. 시내에는 엉성한 대바구니를 메고 쓰레기를 줍는 넝마주이 아이들이 몰려 다녔다. 다 떨어진 옷을 겨우 기워 입고, 깡통을 들고 다니며 먹을 것을 구걸하고 다녔다.

당시에는 대학생들이 주도한 야학이 활발했는데, 우리 동아리에서도 아이들을 위해 개미학교를 열었다. 먹고 사는 일이 힘에 부쳐 학교는 꿈도 못 꾸었을 아이들, 배움에 허기가 졌을 아이들이 열심히도 개미학교에 나왔다.

가르치는 대로 잘 따르는 아이들을 데리고 검정고시를 준비했다. 영어도 조금씩 가르치기 시작했다. 다들 참 열심히 다녔는데 어느 날 한 아이가 보이지 않았다. 무슨 일이라도 있느냐고 물어보니 아이들은 스스럼없이 "학교에 갔어요" 한다. 남의 물건을 훔치다가 잡혀 경찰서에 붙들려간 것이었다. 견물생심이라고 했다. 그 아이는 쓰레기 넝마를 주우러 돌아다니다가 가게 주인이 자리를 비운 사이에 저도 모르게 물건을 넝마 바구니에 슬쩍 넣은 것이다. 아이들과 생활하는 시간이 길어지면서 자연스레 아이들의 보호자 역할도 하게 되었다. 하루에도 몇 번씩 경찰서를 들락거리는 아이들 때문에 속이 많이 상했다. 그럴 때마다 개미학교 선생님들이 경찰서에 찾아가서 손이 닳도록 빌어서 아이들을 데려오고는 했다.

처음에는 아이들이 마음의 문을 쉽게 열지 않았다. 그래서 환심을 사려고 아이들이 시커먼 깡통에 얻어온 밥을 같이 먹기도 했다. 비위가 약한 나는 가르치는 것보다 아이들이 얻어온 밥을 같이 먹는 것이 더 힘들었다. 지금은 학창시절의 작은 추억으로 내 가슴 한 구석에 남아있지만, 개미학교에서 경험은 뒤에 대학에서 학생들을 가르치는 데 소중한 자산이 되었다. 그리고 나를 곤혹스럽게 만들었던 깡통 밥이 가끔 그립기도 하다.

자기들이 얻어온 밥을 같이 먹기 시작하자, 아이들은 조금씩

대학시절은 일본어와 영어에 심취했고, 야학 개미학교 추억으로 가득하다.

마음의 문을 열고 친동기처럼 우리를 따랐다. 가끔은 국수를 가져가서 같이 삶아 먹기도 했다. 장작불을 지펴서 그 위에 시꺼먼 드럼통을 얹고 물을 끓였다. 국수를 넣고 훌훌 끓여서 겨우 간장 한 숟가락 넣어 먹는 것이니, 국수라고 하기도 부끄러운 음식이었다. 그래도 아이들은 고명 하나, 제대로 된 양념장 하나 없는 그 국수를 게 눈 감추듯 맛있게 먹었다.

지금도 국수를 먹을 때면 그 아이들이 생각난다. 아이들을 가르친다고 다녔지만 가르치는 사람이나 배우는 아이들이나 모두 철없던 시절이었다. 드럼통에 끓이던 국수를 생각하면 얼굴이 화끈거린다. 왜 그때 양념장 한 종지, 김치 한 사발 준비하지 못했을까, 더 맛있는 음식을 만들어서 나눠 먹지 못한 후회가 밀려온다. 그 아이들도 지금은 엄마가 되고 아빠가 되었을 것이다. 행여 그 아이들을 다시 만나게 된다면 황백지단 고명을 얹고 맛있는 육수를 자작하게 부은 잔치국수를 한 그릇 만들어 먹이고 싶다. 힘겹게 살던 어린 시절의 기억 때문에 국수 하면 몸서리가 쳐질지도 모를 그들에게 정성이 가득 담긴 새로운 맛의 국수 한 그릇 선물하고 싶다.

딸기 하나 못 먹고 봄이 가는구나!

어린 시절 할아버지가 과수원을 하셨던 덕분에 과일은 원 없이 먹었다. 방학 때면 할아버지 댁에 가서 원두막에 앉아 철마다 나는 과일을 맘껏 먹을 수 있었다. 할머니는 집안의 대들보라며 알이 굵고 좋은 것은 오빠들에게 주고, 상처 나고 못난 과일만 우리 손녀들에게 주었다. 비록 흠집이 있어도 과일을 실컷 먹을 수 있다는 것만으로도 행복한 시절이었다.

요즘에는 제철 과일이 없다. 마트에 가면 철모를 과일들이 즐비하다. 예전에는 '봄 하면 딸기, 여름 하면 수박' 하듯이 과일은 특정한 때에만 맛볼 수 있었다. 그래서 계절이 바뀌면 도리없이 다음 철이 오기를 기다려야 했다. 시장에 제철 과일이 나오기 시작하면 '다시 한 철이 돌아왔구나!' 계절의 변화를 느낄 수 있다. 역시 오래 기다려 먹는 과일 맛이 꿀맛이다.

대학을 졸업하고 화장품회사에 취직했다. 4학년 마지막 학기에 직장을 구하고 있는데 마침 화장품회사에서 직원을 공개 채용한다는 공고가 났다. 판매사원들을 교육하는 판매교육 담당자를 모집한다는 내용이었다. 화장품 방문 판매가 막 퍼져나갈 무렵이었고, 대구지역에서는 처음으로 공개채용을 하는 기회라 경쟁률이 높았다. 화장품회사답게 응시조건이 까다로웠다. 키는 160센티미터가 넘어야 했고, 하이힐 신고 걷는 모습까지 면접을 봤다. 면접장에는 늘씬한 미인들이 대부분이었다. 별문제 없이 서류심사를 통과하고 면접을 봤지만, 꼭 합격하리라는 확신이 없었다. 그런데 어깨 너머로 배운 일본어 덕분에 합격할 수 있었다.

당시 우리나라는 메이크업과 관련된 자료들 대부분을 일본 잡지에서 구하던 때였다. 그래서 회사에서는 일본어를 할 수 있는 사람이 필요했고, 조금이나마 일본어를 할 줄 안다는 것이 후한 점수를 받을 수 있었다. 대학을 졸업해도 여자가 일할 수 있는 분야가 적었던 시절이라, 대기업 공채 입사는 가정대학 전체의 화제가 되었다. 심지어 담당 지도교수님이 회사에 방문해서 대표이사에게 인사를 할 정도였다.

판매사원들은 파란 가방에 화장품과 새로운 메이크업 방법이 실린 홍보지를 넣고 집집이 다니면서 방문판매를 했다. 지금은 방송에 출연하는 연예인들이 주도하는 메이크업 유행 스타일이 그때는 방문판매 사원들에 의해 확산되었다.

일본에서 유행하는 메이크업 방법들을 번역해서 판매사원들에게 교육하면, 회사에서 생산하는 주력상품이 곧 유행상품이 되었다. 그래서 공채 직원들에게는 제복에 신제품 화장품은 물론이고 스타킹까지도 무상으로 주어졌다. 판매 교육을 담당하는 사원들은 유행을 선도하는 패션리더이자 회사의 얼굴이었다. 월급도 다른 직장보다 많았으므로 직장 생활이 꽤 넉넉했다.

직장 생활이 궤도에 오르자 메이크업 해설을 위해 방송 출연도 하고, 회사홍보를 위한 여성 문화교실 강의 같은 대외 활동도 활발해졌다.

직장 여성으로 한참 주가를 올리기 시작할 무렵 남편을 소개받았다. 남편은 자동차회사에서 엔지니어로 일하는 평범한 직장인이었다. 울산에서 대구까지 가깝지 않은 거리인데도 주말이 멀다 하고 나를 만나러 왔다. 그 성실함이 가족들로부터 좋은 점수를 받아 자연스럽게 결혼으로 이어졌다. 지금 같으면 결혼을 하더라도 직장생활을 계속 했을 텐데, 그때는 당연히 남편 직장을 따라 신혼살림을 꾸려야 하는 줄로 알았다. 그래서 안정된 직장을 그만두고 남편 직장 가까운 곳에 살림을 차렸다.

달콤한 신혼생활은 짧았다. 남편은 맏이였다. 딱히 시집살이를 하지 않아도 맏며느리라는 중압감이 어깨를 눌렀다. 게다가 남편 월급이 결혼 전 내 월급보다도 적었다. 지금은 우리나라에서 생산되는 차가 세계시장을 주름잡는다지만, 그때는 국내에서 처음으로 국산 자동차를 만들던 무렵이었다. 자동차가 대중적으로 보급되기도 전이라 회사 사정이 썩 좋지 않았다. 오죽하면 직원들

첫 직장,
세상을 배우며
화려한 직장여성으로
살다.

사이에 월급을 받고 회사 정문을 나와 봐야 진짜 내 월급인지 알 수 있다는 우스갯소리가 돌 정도였다. 지금 생각하면 직원들이 여차하면 받았던 월급도 반납해야 한다고 생각할 만큼 우리나라 기업경제 사정이 어려웠던 시대였다.

적은 월급으로 최대한 아끼고 알뜰살뜰 살아봐도 월급날이 다가올 무렵이면 지갑이 텅 비었다. 그래서 신혼생활은 가계수표를 써가며 늘 아슬아슬하게 꾸려갔다.

볕 좋은 봄날 아파트 베란다에 빨래를 널고 있는데 아파트 공터에 딸기장수가 딸기를 팔고 있었다. 지갑에 돈은 없고, 목청 좋은 딸기장수의 "딸기 사려!" 소리에 갑자기 눈물이 났다. "친정에 있었으면 원 없이 먹었을 텐데. 딸기 하나 마음껏 못 사 먹는구나!" 나도 모르게 눈물이 왈칵 쏟아졌다. 딸기장수가 어서 가줬으면 좋겠는데 자리를 뜨지 않고, "딸기 사려!"를 연신 외쳐댔다. 예기치 못한 딸기장수의 방문으로 화려했던 내 봄날은 결혼이라는 긴 현실의 터널 속으로 빠져 들어갔다는 것을 절실히 깨달았다.

생명을 준 음식

얼마 전 추석 연휴를 맞아 남편과 함께 부산 해운대까지 드라이브를 했다. 돌아오는 길에는 오랜만에 가을의 정취를 즐기며 동해남부선을 따라 해안도로를 달렸다. 31번 국도는 탁 트인 동해를 보며 달리면 맘까지 시원해지는 드라이브 코스다.

호젓한 바닷가 풍광을 따라 한참 달리다 보면 공룡처럼 원자력발전소가 눈앞을 가로막는다. 울주군 서생면, 우리나라 최초의 원자력발전소인 고리 원자력발전소가 있는 곳이다. 원자력발전소가 생긴 뒤 옛 풍광을 잃어가고 있지만, 한때는 우리나라 대표 소설가 오영수의 단편 「갯마을」의 무대가 되었을 만큼 아름다운 곳이었다.

서생면은 가슴 한 곳을 찡하게 울리며 35년 전을 떠올리게 하는 내게 특별한 곳이기도 하다. 잊을 수 없는 추억이 있는 곳. 반가운 마음에 차를 돌려 남편과 서생역을 찾았다. 동해남부선 서생역은 이제는 열차가 정차하지 않는 폐쇄된 역이라 역사는 없어지고 "서생역"이란 간판과 선로 양편에 선 가로등만이 옛 모습을 짐작하게 했다.

35년 전, 나는 한 집안의 맏며느리 자리로 시집을 가 빨리 아이를 가져야 한다는 부담이 사뭇 컸다. 남편은 서른을 넘기지 않으려고 결혼을 서둘렀지만, 당시로는 늦은 결혼이었다. 결혼 전 인사 드리는 자리에서 시어머니는 내 손을 보시며, 손가락도 가늘고 몸도 약해 보이는데 어디 밥이나 짓고 아이나 낳겠느냐며 걱정하셨다. 그러니 결혼 초기부터 어서 빨리 아이가 생기기를 조바심내고 있었다. 그런 정신적인 부담 때문이었는지 결혼하고 두 해가 지나도록 아이가 들어서질 않았다. 지금이야 결혼하고 한두 해는 신혼을 즐기는 부부가 많지만, 그때는 결혼하면 아이부터 낳아야 한다고 생각하던 시절이라, 누가 뭐라 하지 않아도 하루하루 살얼음판을 걷는 기분이었다. 급기야는 부산까지 불임 치료를 받으러 다니고, 용하다는 한약방을 찾아 경주까지 가서 약도 지어 먹었다. 그렇게 조바심을 쳐도 아이가 들어설 기미는 보이지 않았다.

어느 날 이웃 아주머니가 자기도 불임 때문에 고생했는데 서생역 근처에 사는 할아버지께 약을 지어먹고 아들을 낳았다며 거기에 가보라고 했다. 이야기를 듣고 바로 달려가고 싶었지만, "그런 뜬소문을 믿고 가느냐"고 타박이라도 받을까 봐 남편한테는 말도 못 꺼냈다. 며칠 끙끙 앓다가 혼자 약초꾼 할아버지를 찾아가기로 했다.

결혼 전 친정아버지가 해준 빛 고운 빨간 투피스를 입고 열차에 올랐다. 울산에 살면서도 서생이라는 곳은 한 번도 가 본 적이 없었다. 서생역에 도착하니 바다까지 이어진 들이 꽁꽁 얼어 허허벌판 같았다. 다행히 장날이라 역 앞에 할머니들이 좌판을 벌이고 있었다. 그중 할머니 한 분께 무작정 물었다. "이 근방에 아기 낳는 데 용한 약 짓는 할아버지가 있다고 들었는데요. 혹시 어딘지 아세요?" 할머니는 위아래를 훑어보시면서 "곱게 생긴 새색시가 입성을 봐도 고생할 팔자는 아닌 것 같은데 어찌 자식이 없노?"하며 끌끌 혀를 차는 것이었다. 그 말에 눈물이 왈칵 쏟아졌다. 할머니는 연이어 "우리 같은 사람은 애가 줄줄이라 이 나이 먹도록 이리 고생하는데. 참 세상 공평치 않네" 하면서 들판 건너 약초 캐는 할아버지 시골집을 알려주었다.

제법 긴 논두렁을 건너가야 하는 길이었다. 논두렁을 따라 걷는데 땅이 반은 얼고 반은 녹아 질퍽거렸다. 발이 푹푹 빠졌다. 나도 모르게 눈물이 흘렀다. 볼에 스치는 바람까지 더욱 매섭게 느껴졌다. 천근같은 걸음을 옮겨 할아버지 시골집에 도착하니, 소문대로 많은 사람이 기다리고 있었다. 대기실로 쓰는 황토방은 군불을 때서 언 몸을 녹일만치 따뜻했다. 방에는 서울부터 부산까지 전국 각 지에서 찾아온 아주머니들이 차례를 기다리고 있었다.

아이를 낳기 바라는 사연도 가지가지였다. 그들 사이에 끼어 앉아 이런저런 이야기를 듣고 있자니, 가뜩이나 주눅들어 있는데 더욱 위축되었다. 누구네는 아이가 없어 몇 년 만에 이혼을 당했다더라. 누구네는 밖에서 애를 낳아 왔다더라. 계집질하는 꼴을 보느니 지금이라도 내가 아들을 낳으려 한다는 둥 걸걸한 입담으로 나누는 갖은 사연들을 들을수록 가슴이 답답해져 왔다.

'이 약 먹고도 애를 못 낳으면, 어디 섬에 들어가서 평생 혼자 살아야겠다. 섬 애들에게 옷이나 지어 입히며 공부나 가르치며 살아야겠다' 하는 생각이 들 무렵, 내 차례가 됐다.

방에는 행색이 초라한 할아버지가 한 분 앉아 계셨다. 오랜 세월 약초를 캐러 다니느라 굳은살이 박힌 손으로 내 발목을 잡고 맥을 짚으셨다. '몸이 차가워서 그러니 자궁을 따뜻하게 하면 아이가 생길 거'라며 하얀 가루 한 봉지를 내주었다. 거기다 오래된 도라지를 구해서 즙을 내서 가루를 섞어 먹으라고 했다. 두 번은 먹어야 효험이 있을 거라고 했다. 보기에는 그저 그런 가루 같았지만, 소중하게 가지고 집으로 돌아왔다.

가루가 다 떨어질 무렵 이번에는 남편에게 말해서 함께 할아버지께 갔다. 그새 할아버지는 부쩍 더 늙어 보이셨다. 혹시나 해서 이번에는 두 번 먹을 양을 가져왔는데, 할아버지 말씀대로 두 번째 약을 다 먹기 전에 태기가 느껴졌다.

어느 날 꿈에 시어머니께서 꽃이 활짝 핀 매화나무 등걸을 가

생명을 준 음식, 내게 무척이나 소중한 인연, 첫 아이가 태어났다.

져오셨다. 조카가 과수원을 하는데, 사과밭을 만든다며 매화나무를 베어낸다고 해서 아까워서 걷어왔다고 했다. 온통 회색빛 꿈속에 화사한 꽃 색만 선명했다. 집에 들여놓을 수도 없을 만큼 큰 나무 등걸이라 망설이고 있는데, 시어머니께서 현관을 쑥 들어오시더니 매화나무를 통째로 내 품에 안겨주셨다.

결혼 뒤, 만 3년 만에 얻은 아이는 건강하게 태어나서 온 집안의 사랑을 독차지했다. 기다리던 아이라 재우는 것, 먹이는 것, 입히는 것 어느 하나 신경을 곤두세우지 않은 것이 없었다. 아이가 돌이 될 무렵 남편이 일본 동경지사 주재원으로 발령났다. 문득 아이를 낳고 경황이 없어서 잊고 지냈던 서생역 할아버지 생각이 났다. 일본 가기 전에 감사인사라도 드리려고 솜옷 한 벌을 사서 다시 서생을 찾았다. 울면서 가던 논둑길이 아니라 아이와 남편 손을 잡고 가는 즐거운 길이었다. 그런데 할아버지는 안 계셨다. 그새 세상을 떠나신 것이다. 좀 더 일찍 찾아뵐 걸, 후회가 밀려왔다. '내게 귀한 생명을 주고 떠나셨구나!' 가슴이 참으로 먹먹했다.

35년 만에 남편과 다시 찾은 서생역에서 할아버지네 시골집을 수소문했다. 할아버지가 돌아가신 후로 며느리가 잠깐 시골집을 이어가다가 얼마 안 돼 그마저 그만 뒀노라는 이야기만 전해 들을 수 있었다.

그때 태어난 아이가 지금 서른셋이 되었다. 약방 할아버지가 내게 지어 준 것은 세상에서 가장 소중한 '생명을 준 음식'이었다. 지금도 빨간 투피스를 입고 그 겨울 진창 반 논둑길을 걷던 내 모습이 눈에 선하다.

할머니표 시금장

작은 올케와 함께 살던 친정어머니가 얼마 전에 아파트를 얻어 독립하셨다. 밤에 잠도 안 오는데 며느리 눈치 안 보고 밤새 텔레비전도 켜놓고, 먹고 싶은 밤참도 해 드시면서 편히 살겠노라며 아흔을 앞두고 독립선언을 한 것이다. 연세도 많고 엉덩뼈가 부러졌다가 나은 지 얼마 되지 않은 터라 가족들의 반대가 심했다. 작은 오빠는 절대 안 된다고 말렸지만, 어머니 고집을 꺾을 수는 없었다. 지금은 혼자 음식도 해 드시고, 좋아하는 홈쇼핑을 보면서 독신생활을 즐기신다. 찾아뵐 때마다 어머니는 이번에는 김치를 담그자, 막장을 담가보자 신이 나셨다. 덕분에 올케언니랑 오빠들이 시장 봐 나르느라 바빠졌다. 맛간장까지 만들어 놓고 음식을 만드는 걸 보면, 우리 어머니 음식에 대한 열정은 여전하시구나 싶어 마음이 놓인다.

젊어서부터 동네잔치에 불려다니고, 지금도 내 요리에 훈수를 두는 어머니도 못 하는 음식이 딱 하나 있다. 바로 시금장이다. 시금장에 밥 비벼 드시는 것을 그리 좋아하면서도 평생 만들어본 적이 없다. 친정아버지도 시금장을 무척 좋아하셨다. 딴 반찬이 없어도 시금장만 있으면 맛있게 밥그릇을 비우셨다. 우리 어머니가 시금장을 여태 못 만드는 이유는 돌아가신 어머니의 시어머니 때문이다. 할머니는 시금장을 잘 만드셨다. 시금장은 특별한 재료가 들어가지 않는 소박하기 이를 데 없는 음식이지만 간장게장 저리 가라 할 만한 밥 도둑이다.

할머니는 돌아가시기 몇 해 전까지도 시골집에서 혼자 지내셨다. 오빠들이 아무리 대구로 모셔오려고 해도 아파트에 사는 건 영 답답하다며 손사래를 치셨다. 혼자 지내면서 장도 담그고, 이것저것 채소를 길러 집에 오는 손주들 손에 들려 보내셨다. 그중에 시금장도 빠지지 않았다. 기력이 쇠해 작은 오빠 집으로 옮기기 전까지 우리 가족은 모두 할머니 표 시금장을 먹고 살았다. 손주들이 장성해 결혼한 후로는 손주들 몫까지 챙기셨으니 그 정성이 대단했다. 그러니 우리 어머니는 시금장을 전수받을 기회도, 만들 기회도 없었다. 4년 전 98세를 일기로 할머니가 돌아가신 후로 우리는 할머니와 함께 할머니표 시금장을 더 이상 맛볼 수가 없었다.

어머니가 독립하시고 나서 일주일에 한 번이라도 찾아뵙고 싶어서 대구에서 강의를 시작했다. 강의가 있는 날은 어머니 집에 들러 어머니가 드시고 싶다는 음식을 만들어 먹으며 옛이야기를

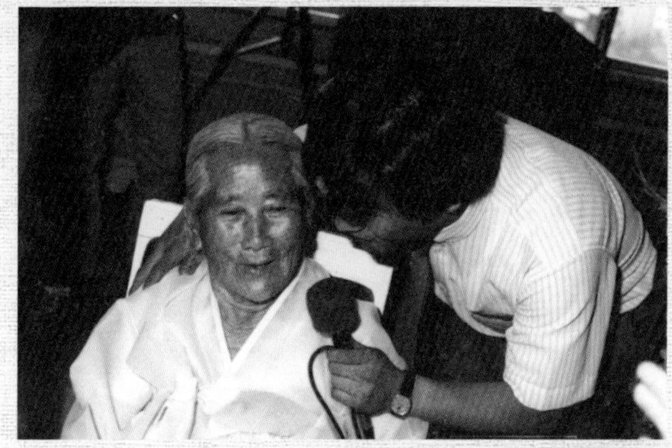

어린시절,
우리에게 시금장을 만들어주셨던 할머니,
시금장 한입에 입맛 돌아오는
우리 친정어머니 덕분에 나는
시금장 달인이 되었다.

나눈다. 입맛 떨어진 날에는 유독 "야야! 시금장 한 입만 먹으면 입맛이 돌아오겠다" 하셨다. 마침 어머니 친구 중에 시금장을 잘 담근다는 분이 계셨다. 만드는 법을 배워 우여곡절 끝에 할머니 표 시금장을 재현했다. 그럭저럭 비슷하게 흉내를 냈더니 어머니가 좋아하셨다.

"야야! 옛날만큼은 아니어도 이것으로 밥 먹으면 소화가 잘 된다."

입맛 없는 날은 시금장만 꺼내 밥에 비벼 드신다니 그 뒤로 계속 시금장을 만들게 되었다.

시금장은 등겨장이라고도 하는데 보리등겨를 재료로 쓴다. 보리등겨에 물을 넣고 뭉쳐서 굽는다. 잘 말린 다음 가루로 빻아서 삶은 보리랑 콩을 넣어 만드는 발효음식이다. 시금장은 첫맛에 입을 자극하지는 않지만 씹을수록 구수하고 깊은 맛으로 속을 편안하게 한다.

요리강의를 할 때 첫 수업에서 나는 미네랄과 무기질이 없는 정제된 소금과 설탕을 주방에서 치우라고 권한다. 너무 짠 음식도 몸에 좋지 않지만, 설탕의 단맛 또한 좋지 않다. 우리 입맛은 화학조미료나 인공감미료의 자극적이고 단맛에 너무 익숙해져 있다. 더욱더 자극적인 맛을 찾는 것은 이미 미각이 둔해졌다는 의미다. 모름지기 음식은 혀에 달다고 몸에 단 것이 아니다. 우리 고유의 발효 음식들은 오랜 시간을 두고 서서히 몸에 이로운 음식으로 변화한다. 그러니 투박한 맛이라도 우리 몸에 좋은 것은 자명한 일이다.

시금장은 입맛 없을 때는 입맛을 돋우고, 아무리 먹어도 탈이 나지 않는다. 서민음식이지만 우리 조상들이 준 귀한 선물이라고 생각한다. 일본 사람들은 미소된장이나 쌀누룩을 마법의 조미료라고 말한다. 그에 견주어 시금장을 신이 내린 음식이라 불러도 되지 않을까?

food story

생명의 원리를 품은 누룩균

누룩이란?

누룩(麴·糀)하면 보통 술을 빚을 때 쓰는 발효제를 떠올린다. 누룩은 밀이나 쌀, 보리, 콩처럼 술을 담글 수 있는 전분으로 된 곡물로 빚는다. 쌀로 빚으면 쌀누룩, 보리로 빚으면 보리누룩, 콩으로 빚으면 메주가 된다. 누룩은 쉽게 말해 술이나 장류 같은 발효식품을 만드는 발효종균이라고 할 수 있다.

전통 누룩은 곡물을 가루 내어 반죽해서 형태를 만든 다음에, 습도와 온도를 조절하면서 공기 중에 있는 유효한 미생물을 자연 번식시켜 만든다. 곡물이 보온과정을 거치면 전분에서 젖산균이 생성되고, 젖산균의 발효로 누룩이 만들어지는 것이다. 그런데 공기 중에는 누룩곰팡이와 야생효모뿐만 아니라 해로운 잡균도 포함되어 있다. 그래서 누룩을 띄울 때는 잡균의 활동을 억제하고 우리 몸에 유익한 누룩곰팡이와 효모를 활성화하기 위해서 습도와 온도 조절이 중요하다. 잘 띄운 누룩은 고소한 향기가 난다. 바람이 잘 통하는 곳에 1~2개월 보관해서 숙성시키면 한층 더 독

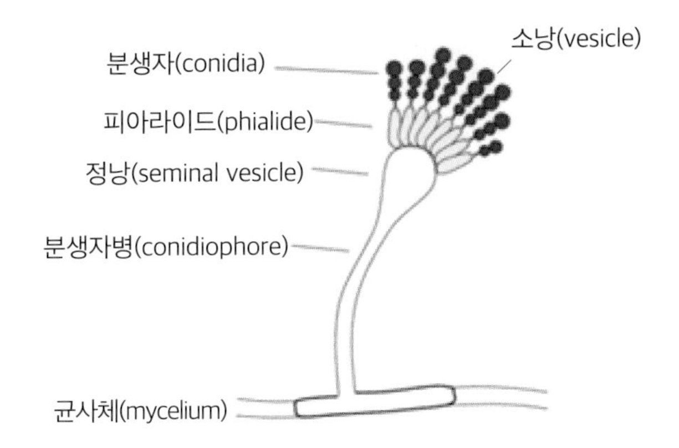

특한 맛과 향을 낸다.

이렇듯 전통방식으로 만든 누룩은 공기 중의 다양한 미생물이 배양돼 맛이 다양하고 풍부하지만, 균일화가 어렵다는 단점이 있다. 이러한 단점을 보완해 특정한 곰팡이균을 인공적으로 주입해서 배양해 만든 인공 누룩도 있다. 일본의 양조방식에서 유래한 '입국粒麴'과 시중에서 흔히 구할 수 있는 개량 누룩이 바로 그것이다. 조선 시대의 기록에는 곡자麯子와 국자麴子를 혼용해서 누룩을 표기했다. 요즘에는 전통 누룩과 개량 누룩을 구분하기 위해 전통 누룩은 곡자麯子라 부르고 개량 누룩은 국자麴子라 부르기도 한다.

누룩곰팡이는 균사 끝에서 전분이나 단백질을 분해하는 효소를 만들어 낸다. 누룩균이 생성한 분해효소의 작용을 이용해 막걸리, 된장, 식초, 간장, 김치, 감주, 정종 같은 발효식품을 만드는 것이다. 누룩균은 히말라야 동쪽지역에서 동남아시아 일대 및 중국, 일본, 한국 등 동아시아 벼 재배지역에서 개발된 독특한 발효기술이다. 누룩곰팡이를 이용하면서 우리 음식문화는 더 다양해졌다.

누룩의 역사

누룩이 처음 만들어진 시대는 기원전 5세기경인 중국 춘추전국시대로 알려졌으나 정확한 시기는 알 수 없다. 누룩은 중국어로는 국균麴菌, 일본어로는 코지こうじ라 불린다. 누룩이 역사 기록에 처음 등장하는 것은 기원전 2세기경 중국 주나라 『주례周禮』의 「하관사마夏官司馬」 편이다. 얇게 썬 고기를 햇볕에 말려, 소금과 누룩에 버무려 항아리에서 100일 동안 숙성시켰다는 기록이 있다. 이때는 수수로 만든 누룩을 썼다고 한다. 누룩의 개발은 동아시아 음식문화에서 기념비적인 사건이다. 누룩은 간장, 된장을 비롯한 장류와 식초, 술 같은 아시아 발효음식의 기본이기 때문이다.[1]

우리나라에서 누룩이 만들어진 시기는 중국 서긍이란 사람이 쓴 『고려도경高麗圖經』에 1123년으로 기록되어 있다. 그러나 『삼국사기』나 『삼국유사』에 '미온'이나 '지주', '요례' 같은 술이 등장

1. 『History of Koji』, William Shurtleff & Akiko Aoyagi, p.19

하고, 『삼국사기』에 서기 683년 왕실의 폐백품목에 간장과 누룩이 등장한다. 따라서 삼국시대 이전부터 누룩을 사용했던 것으로 추측하고 있다.

일본의 『고사기古事記』에도 "백제에서 건너온 명인에게 술 빚는 법을 배워서 빚은 술을 바치다"라고 기록되어 있어 이를 뒷받침한다. 우리나라에서 누룩이 발달한 것은 기후의 영향이 컸다. 벼나 곡물 재배에 좋은 사계절, 특히 여름은 곰팡이 번식에 좋은 고온다습한 날씨 덕분에 발효가 잘 되었기 때문이다. 삼국 시대부터 통일신라 시대에 이르기까지 된장, 간장을 비롯한 술 같은 발효음식이 여러 문헌에 등장한다. 김부식의 『삼국사기』에는 된장과 간장이 왕실 결혼식 예물로 등장하며, 『사시찬요초四時纂要抄』

를 비롯해 조선 시대에 쓰인 여러 책에서도 누룩 만드는 법이 상세하게 실려 있다.

중국의 『서경書經』에 의하면 술을 만들 때 국얼麴蘖을 쓴다고 한다. 국麴은 곰팡이균사에 덮여 썩은 것으로 누룩을 칭하는 것이고, 얼蘖은 보리를 물에 담가 싹을 틔운 맥아를 가리키는 것이다. 일본에서는 AD 725년에 쓰인 『하리마국 풍토기播磨國 風土記』에 "8세기 초 공기 중에 떠도는 누룩균을 이용해 누룩을 만들었다"는 기록이 있다. 일본에서는 나라奈良 AD710~794 시대 초기에 술을 빚는 체계가 확립되었으며 쌀누룩을 이용해서 술을 빚었다고 한다.

우리나라를 비롯한 중국, 일본, 동아시아 발효식품 문화권에서 누룩은 없어서는 안 될 귀중한 음식재료 중 하나이다. 누룩으로 말미암아 다양한 음식문화가 발달했다고 해도 틀린 말이 아닐 것이다.

누룩의 종류

전통 누룩은 만드는 방법, 재료, 시기, 형태, 빛깔에 따라 이름이 다르다. 밀로 만들면 밀누룩, 쌀이면 쌀누룩, 보리면 보리누룩이다. 만드는 시기에 따라서는 봄에는 춘곡, 여름에는 하곡, 가을에 만들면 추곡 또는 절곡, 겨울에는 동곡이라 불렀다. 빛깔에 따라서는 황곡, 백곡, 흑곡, 홍곡 등이 있다. 만드는 형태에 따라서는 병곡餠麯과 산곡撒麯으로 나뉘는데 병곡은 막누룩, 산곡은 흩임누룩이라고 부르기도 한다. 막누룩은 원료를 가루 내고 반죽한 후 뭉쳐서 단단하게 만든 다음에 자연상태에서 균을 번식시킨다. 막누룩은 술을 만드는 데 주로 쓰인다. 흩임누룩은 쌀이나 보리를 쪄서 낱알 그대로 쓰거나 가루 내어 종균을 번식시켜 만든다. 일본에서 쌀, 보리, 콩 등을 이용해 만드는 누룩은 대부분 흩임누룩으로 정종, 소주, 미소된장, 소유, 미린 등을 만드는 데 사용된다. 특히 일본 주류협회에서 국균으로 지정한 쌀누룩균은 아스퍼질러스 오리자에(Aspergillus oryzae: 황국균)로, 번식력이 강력해 일

반인들도 쉽게 누룩을 만들 수 있다.

우리나라에서는 주로 8월에서 10월 사이에 만든 추곡을 막누룩 형태로 만들어 썼다. 개화기 이후 소주 공장이 생겨나면서 전통 방식의 누룩이 줄어들고 개량 누룩이 주로 쓰이게 되었다.

누룩과 발효

누룩균이 가지고 있는 효소

앞에서 설명한 것처럼 누룩이란 쌀, 보리, 밀, 콩 등에 누룩균이라고 불리는 한 무리의 균을 번식시킨 것으로, 누룩균이 몸 밖으로 분비하는 효소에 의해서 전분, 단백질, 지방 등을 매우 높은 효율로 저분자화 한다. 효소는 생명체 내에서 일어나는 물질의 합성과 분해, 운반, 배출, 해독 등 대부분의 화학반응에 관여한다. 즉 효소는 사람이 살아가는 데 필요 불가결한 물질이다. 쌀누룩에는 이러한 효소가 적어도 100종류 이상 활동하고 있다. 이 중에서 대표적인 효소가 전분을 포도당으로 바꾸는 아밀라아제Amylase, 단백질을 분해하는 프로테아제Protease, 지방을 분해하는 리파아제Lipase, 식물 섬유질을 분해하는 셀룰라아제cellulase 등이다.

발효란 넓은 의미로는 미생물이나 균류 등을 이용해서 인간에게 유용한 물질을 얻어내는 과정을 말하고, 좁은 의미로는 산소를 사용하지 않고 에너지를 얻는 당 분해과정을 말한다. 인간이 먹는 음식의 3분의 1은 발효음식이라고 한다. 우리 주변 국가의 김치, 양배추를 발효한 독일의 자우어크라우트, 간장 · 된장 · 고추장 같은 장류를 비롯하여 청주 · 맥주 · 포도주 같은 주류, 식초 · 낫토 · 빵 · 치즈 · 요구르트 · 젓갈 등 다양한 발효음식이 있다.

누룩으로 만든 음식은 왜 맛이 있으며 건강에 좋은가?

혀가 느끼는 맛에는 단맛, 신맛, 매운맛, 짠맛, 쓴맛 등 오미가 널리 알려졌다. 그러나 최근에 매운맛이 혀가 느끼는 통각으로 알려지면서, 매운맛 대신 새롭게 감칠맛이 밝혀졌다. 감칠맛은 일본에서 제6의 미각이라고 하는 '다시だし'와 연결된다. 우리가 국수를 만들 때 멸치 육수를 우려낸 다싯물에 국수를 말아서 먹는다. 이때 멸치 육수의 맛을 풍미 또는 일본식 표현으로 '우마미うまみ: 旨み'라고 하며, 우리 표현으로 '감칠맛'이라고 한다. 우마미를 표현하는 대표적인 음식이 소유(간장)와 미소(된장)다. 이렇듯 발효음식의 맛은 감칠맛과 깊은 관련이 있다.

누룩을 만드는 과정에서 생성된 효소가 음식재료의 세포를 분해함으로써 발효가 진행되고, 단맛이 나는 포도당과 감칠맛을 내는 아미노산으로 만들어진다. 이들이 작용해 재료 본래의 맛이 진해지고 풍미가 더해져 맛이 좋아진다. 또한 효소가 원재료의 세포를 잘게 분해해서 소화가 잘 된다. 보통은 사람이 음식을 먹으면 입에서부터 소화가 시작된다. 그러나 누룩으로 만든 음식은 먹기 전에 이미 소화가 시작되므로 그만큼 소화가 빠르다. 따라서 흡수효율이 높아져서 영양분도 충분하게 흡수할 수 있다. 아직 연구단계이지만 누룩에는 항 스트레스 성분인 가바GABA: Gamma Amino Butyric Acid와 미용에 좋은 누룩산 등 다양한 영양성분이 포함되어 있다고 한다.

누룩이 가진 '효소'가 건강과 미용에 미치는 효능

누룩이 발효하면서 효소가 만들어진다. 효소는 우리 몸속에 있는 소화효소 · 대사효소와 식품에 포함된 식물효소로 나눌 수 있다. 소화효소는 음식을 소화 · 분해해서 영양분으로 흡수되도록 한다. 소화 · 흡수가 잘 되면 장내 환경이 정비되어 변비를 고칠 수 있다. 대사효소는 체내 신진대사를 촉진하며, 몸속의 독소를 배출하고 면역력을 높인다. 또 세포의 재생 · 수정修正, 호르몬 균형 조정 같은 다양한 역할을 한다. 한편 누룩에 포함된 효소는 식물효소로 음식의 소화를 돕는 소화효소와 비슷한 역할을 한다.

우리 몸속의 효소량은 정해져 있다?

우리 몸은 몸속에 있는 효소를 필요에 따라 소화효소나 대사효소로 바꿔 사용하는 융통성이 있다. 한평생 사용할 수 있는 체내 효소의 양은 정해져 있어서 나이가 들면서 효소량이 점점 줄어든다고 한다. 나이가 들면서 기름진 음식이 싫어지는 이유가 바로 지방을 분해하는 리파아제 효소가 줄어들기 때문이다. 우리 몸속의 효소가 면역력 · 신진대사 · 자연 치유력을 높이는 대사효소로 쓰일 수 있도록, 소화효소로 쓸 수 있는 식물효소를 음식으로 많이 섭취해야 한다. 이때 주의해야 할 점은 효소는 대부분 40~60도(℃)에서 활성화되며 60도(℃)를 넘으면 변질하여 효소의 기능을 잃어버리므로 뜨겁게 가열하지 않아야 한다.

우리 몸 면역력의 70퍼센트는 장에서 이뤄진다고 한다. 면역세포를 만드는 백혈구 중 림프구의 약 70퍼센트가 장에 집중되어 있기 때문이다. 장에는 몸에 이로운 유익균과 해로운 물질을 만들어내는 유해균이 함께 있다. 유익균이 증가하면 장 내 환경이 안정되고, 유해균이 늘어나면 부패가 일어나 설사나 변비가 된다. 발효식은 유익균을 증가시키는 활동이 왕성하므로 '발효식은 면역력을 높인다'는 설명이 가능하다.

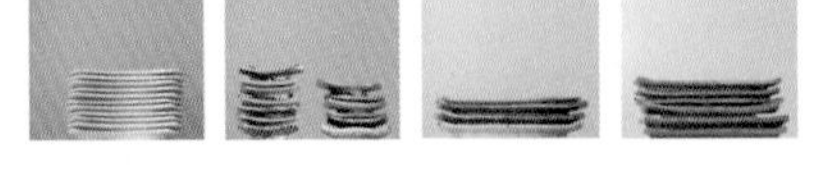

귀가 순해진다는 이순耳順, 인생 육십을 이르는 말이다.

나는 귀 대신 입, 입맛이라고 쓴다.

예순쯤 되어보니, 이제야 우리 인생이 얼마나 다양한 맛으로 채워지는지 알 것 같다.

한 가지 맛만으로는 음식 맛에 깊이를 더할 수 없는 것처럼

우리 인생도 여러 가지 맛으로 깊이를 더하며 살아간다.

쓰고, 달고, 짜고, 시고, 떫고 매운 온갖 맛들이 청춘을 휩쓸고 지나갔다.

그리고 이제야 비로소 인생의 오묘한 맛을 말할 수 있을 것 같다.

life story

다섯 가지 맛五味이 담긴 세상

이랏샤이마세!

아이가 태어나면 생활이 달라진다. 모든 일이 아이를 중심으로 돌아간다. 기다림이 길었던 만큼 첫 아이가 태어난 후, 하루하루가 소중했다. 남편이 먼저 도쿄에 가서 자리 잡은 후 나도 아이와 함께 일본에 갔다. 다른 대기업의 주재원들은 월급은 물론이고 해외 주재 수당이 넉넉해서 주재원 부인들도 골프를 배우거나 문화센터에 다니면서 여유롭게 산다고 했다. 그렇지만 남편 회사는 주재원 수당이 많지 않았다. 남편의 월급만으로는 생활비가 많이 들기로 유명한 도쿄에서 여유있는 생활을 할 수 없었다.

갑자기 일본에 가서 살게 됐어도 언어 문제로 크게 걱정하지는 않았다. 대학 때부터 일본어를 공부했고 결혼 전까지 직장에서 일본어 번역 일을 계속했으니, 일본어라면 조금은 자신이 있었다. 그런데 막상 현지에서 아이를 데리고 생활하려니 일본어의 벽이 높게 다가왔다. 학원이라도 다니고 싶었지만 부족한 생활비로는 어림없는 일이었다. 남편이 교통비라도 아끼겠다면서 자전

동경 아파트광장에서
아이와 함께 즐거운 한때

거로 출퇴근하고, 도시락으로 점심을 해결했다. 그 덕분에 일본어 학비를 마련할 수 있었다.

막상 학비는 마련됐지만, 이번에는 아이를 맡길 곳이 없었다. 그래서 학원에 다니는 대신 선생님을 집으로 부르기로 했다. 선생님은 프랑스주재원으로 있었던 일본 외교관 부인이었다. 좋아하는 요리를 배우면서 자연스럽게 일본어 실력도 늘 것이라 생각했다. 하지만 요리에 한정된 언어만 쓰다 보니 생각만큼 일본어가 늘지 않아서, 따로 일본어 공부를 해야 했다. 결국에는 요리도 일본어 공부도 집중할 수 없는 한계가 찾아왔다. 그래도 프랑스 요리는 무척 매력적인 분야였다. 프랑스 요리 수업을 온 가족이 손꼽아 기다렸다. 단호박 수프를 배운 날은 온 가족이 단호박 수프를 먹었고, 닭다리 구이를 배운 날은 닭고기로 포식했다. 그중에서도 브로콜리 수프는 최고였다. 브로콜리는 일본에 가서 처음 본 채소였다. 그걸 잘게 잘라서 볶다가 우유와 볶은 밀가루를 넣고 끓인 후 다진 새우살을 넣어 한소끔 더 끓이면 완성이다. 아이에게 먹이면 넙죽넙죽 맛있게 잘 받아먹었다. 우리나라에서는 접해 볼 수 없었던 재료를 이용한 요리는 우리 가족을 행복하게 만들었다. 그리고 그 요리가 50대 중반의 나를 다시 한 번 도쿄에서 살도록 만들었다.

일본에서는 신선한 채소와 과일을 매일 먹을 수 있어서 신기하기도 하고 좋았다. 우리나라에서는 볼 수 없거나 귀하던 음식재료를 쉽게 구할 수 있었다. 일본에서는 이미 1980년대 초부터 생활협동조합이 발달해 있었다. 광고지를 보고 주문하면 아침에 신선한 재료를 받을 수 있었다. 비싸서 못 먹던 새우며 바나나, 일본에서 처음 본 단호박, 브로콜리. 우동을 끓여서 커다란 새우튀김을 넣어 먹으면 온 가족이 행복했다. 대구 친정에나 가야 아이에게 먹일 수 있던 바나나도 실컷 먹일 수 있었다. 친정아버지가 아이 먹이라고 바나나를 사주시면 토막을 내서 몇 번이고 나눠서 먹였던 귀한 과일이었다. 견과류도 풍족해서 이유식으로 호두, 땅콩, 아몬드를 빻아서 우유에 개어 먹였다. 이유식을 한 숟가락 떠 먹일 때마다 속으로 '이걸 먹고 머리 좋아져라, 이걸 먹고 머리 좋아져라' 했다. 오렌지즙을 짜서 아이에게 먹이면 꼴깍꼴깍 주스 넘어가는 소리가 났다. 그 소리가 음악 소리 같았다. 남편과 나는 그 소리를 들으면서 행복했다. 고마운 남편을 위해 매일 정성껏 도시락을 쌌다. 남편이 좋아하는 생선조림도 넣고 고기볶음도 넣고, 프랑스 요리에서 일본 요리까지 뭐든 맛있는 반찬으로 꽉 채워주고 싶었다. 지금도 그때를 생각하면 남편이 얼마나 고마운지 모르겠다.

큰 애를 보육원에 맡기고 일본어학원에 다녔다. 어학원 수업이 끝나고 아이를 데리고 아파트로 돌아오면 아파트 입구에 저녁장이 매일 열렸다. 젊은 청년들이 머리에 띠를 두르고 "이랏샤이마세(いらっしゃいませ, 어서 오세요)!"를 연신 외쳤다. 장에 가면 신기

한 채소도 많고, 채소마다 이름과 가격이 적힌 푯말이 있으니 매일 아이 손을 이끌고 장 구경을 했다. 그러던 어느 날 시내에 나갔는데 큰 아이가 사람들 사이를 돌아다니면서 "이랏샤이마세!"를 외치는 게 아닌가. 맹모삼천지교가 왜 생겼는지 알게 된 순간이었다. 그런데도 푯말을 보며 일본어 공부하는 데 재미를 붙였던 참이라 시장 구경을 멈출 수 없었다. 백화점에도 자주 갔다. 살 것도 없으면서 엘리베이터를 타고 안내원의 말을 외우고 다녔다. 백화점에 엘리베이터가 넉 대였다. 같은 것을 타고 오르내리면 안내원이 알아 봐 창피하니까 엘리베이터를 바꿔가며 수차례씩 오르락내리락한 적도 있었다. 돌아갈 때도 집에 가는 전철을 서너 대씩 보내면서 지하철 벤치에 앉아있었다. 안내방송을 들으며 중얼중얼 일본어 악센트를 외웠다. 쉬는 날에는 순환선 전철을 타고 빙빙 돌기도 했다. 일본어는 한자가 제일 어렵다. 특히 지명은 어떻게 발음해야 하는지 알 수 없는 것이 많았다. 지하철은 지명 한자 외우기 제일 좋은 곳이다. 역을 지날 때마다 전광판에 한자표기와 함께 안내 방송이 나오기 때문이다. 이렇게 돈 덜 들이고 일본어를 공부하려고 온갖 묘안을 다 짜냈다.

연말연시가 되니 크리스마스, 새해 파티가 있었다. 주재원 가족들이 모여서 뷔페 파티를 하면 속성으로 배운 프랑스 요리 실력도 발휘할 수 있었다. 아이들을 맡겼던 보육원 선생님들께는 감사의 의미로 불고기를 만들어드렸는데, 나중에는 선생님들이 먼저 한식을 만들어달라고 요청하기도 했다. 여러 가지 음식을 만들어 바자에 출품했다. 그 후로도 선생님들 요청으로 불고기를 자주 만들었다. 중학교 때부터 자다가도 오빠 친구들한테 불려가서 비빔밥, 볶음밥을 해줬던 내공이 일본에까지 이어진 것이다.

유리문에 매달려도 수업시간이 즐거워

일본 생활이 익숙해질 무렵 둘째 아이가 태어났다. 큰 아이는 걷고 뛰던 때라 보육원에 보낼 수 있었지만, 돌도 안 된 아이를 맡길 수는 없었다. 그런데도 일본어 공부가 정말 하고 싶어서 두 달 된 아이를 둘러업고 신주쿠일본어학교를 찾았다. 처음 갔을 때는 아이를 데리고 공부하겠다고 했더니, 단호하게 "노!"라고 했다. 두 번째 학원 문을 두드렸지만, 반응은 마찬가지였다. 며칠 후에 이번이 마지막이라는 생각으로 다시 학원을 찾아갔다. 세 번째 인터뷰는 여선생님과 면접으로 진행됐다. 면접 전날 밤새 사전을 찾아가며 작성했던 문장을 또박또박 이야기했다.

"내 인생에 일본에 올 기회가 아마 처음이자 마지막일 것입니다. 이 소중한 시간에 일본어를 배워서 한국에 돌아갔을 때 일본에 관한 많은 것들을 알리고 싶습니다. 기회를 준다면 내 평생 잊지 못할 기억이 될 것입니다."

아이를 업고도 공부를 하겠다는 모습이 측은해서였는지, 준비한 발표가 설득력이 있었는지 모르지만, 그 선생님 반에서 강의를 듣게 되었다.

강의실 맨 뒷줄에서 아이를 업은 채 수업을 듣다가 아이가 칭얼대면 강의실 밖으로 살그머니 나갔다. 다행히 유리문이라 문밖에 서서 강의를 들을 수 있었다. 그러면 선생님은 칠판에 글씨를 크게 적어주셨다. 그때 유리문에 기대 필기를 했던 탓인지 지금도 일본어 글씨체가 악필이다. 같은 반 학생 중에서 내가 제일 나이가 많았다. 선생님보다도 나이가 많으니 출석을 부를 때 "오까상(お母さん, 어머니)!"하고 불렀다. 내 나이 30대 초반이었다. 처음에는 학생들이 그 말에 웃기도 했다. 나중에는 반 친구들의 도움을 많이 받았다. 함께 공부하던 유학생 중에는 어렵게 유학 온 터라 학비를 벌려고 공사장에서 일하는 이들도 있었다. 밥도 제대로 못 챙겨 먹는 것 같았다. 누나 같은 마음에 주먹밥도 만들고, 장조림이나 돼지고기 고추장볶음 같은 것을 해서 가져다주었다. 그 친구들이 필기도 대신해주고, 먼저 수업이 끝나면 아이를 봐주기도 했다. 많은 도움을 받으며 학교를 무사히 마칠 수 있었다. 그 유학생들도 이제는 중년의 아빠, 엄마가 됐을 텐데, 내가 만들어주던 밑반찬을 기억할지 가끔 궁금하다. 그때 등에 업혀 칭얼거리던 둘째 아이가 어느새 장성해서 그때의 나처럼 도쿄에서 유학 중이다.

1987년 가을,
교토 청수사(青水寺)에서
두 아이와 함께

멜빵으로 아이를 앞으로 매고 유모차, 이유식 가방, 기저귀 가방, 도시락 가방에 책가방까지 들고 다니려니 두통이 생겼다. 병원에 갔더니 짐도 짐이지만 아이를 맨 멜빵이 어깨를 짓눌러 뇌에 혈액순환이 안 돼서 생긴 병이라고 했다. 친정엄마에게 연락해서 포대기를 구해서 업고 다녔다. 겨울에는 포대기로 아이를 업고, 코트를 뒤집어씌우고 다녔다. 지하철을 타면 일본 할머니들이 뭔가 싶어서 코트 자락을 뒤집어보는 일이 많았다. 그래도 창피하지 않았다.

학원이 끝나면 전자오르간을 배우러 다녔다. 전자오르간은 일본에 오기 전부터 꼭 배우고 싶던 악기였다. 어느 날 거리에서 전자오르간을 보고, 그것을 사고 싶어서 아르바이트를 시작했다. 일본에서는 전업주부가 가정에서 살림을 살면서 하는 아르바이트를 나이속구(内職: 내직)라고 한다. 일본 주부들은 대부분 다양한 나이속구를 한다. 전지가위로 플라스틱 사출 장난감을 분리하거나, 불필요한 부분을 잘라내는 단순한 작업이었다. 일본 주부들과 교류도 할 겸 나이속구를 시작했다. 한 상자를 끝내면 동네 할머니가 와서 거둬 가고 새 일감을 주었다. 열심히 일한 덕분에 전자오르간 살 돈이 마련되었다. 전문가들이나 쓸 법한 대형 전자오르간이었는데, 국내에 가져오려면 자격증이 있어야 세금을 물지 않는다는 것이다. 그래서 그렇게 바라던 전자오르간을 배우게 되었다. 등에 업혀 칭얼대는 아이에게 과자 하나를 쥐여 주고 아이를 업은 채 오르간을 배웠다. 블라우스 등판이 아이 침, 콧물, 과자 가루로 범벅이 돼도 즐거웠다.

그렇게 어렵게 배운 전자오르간이지만 지금은 아련한 추억 속으로 사라졌다. 두 아이를 키우고 일본어 강사로 바쁜 삶을 살다 보니 전자오르간을 칠 여유가 없었다. 결국 몇 년 뒤 어느 작은 개척교회에 보내졌다. 교인도 아니었지만, 지인을 통해 간곡하게 부탁하는 목사님의 청을 거절할 수 없었다. 전자오르간을 가져가며 아이들을 위해 열심히 기도해주시겠다고 했는데, 두 아이 모두 그 덕분인지 건강하게 자라 제 몫을 하고 있다.

일본에 있던 3년 동안 정말 뒤도 안 돌아보고 정신없이 살았는데, 지나고 보니 세월이 너무 빠르다.

눈물의 회식 담당

일본에서 귀국한 뒤 남편은 부장으로 승진했다. 88올림픽 전, 여전히 우리나라 경제가 어렵던 때였다. 월급날이면 직원들과 회식이라도 해야 하는데 회사도 회식비를 지원할 형편이 안 되었다. 직원들 사기를 생각하면 박봉을 쪼개서라도 한 달에 한 번 정도는 회식을 해야 했다. 그렇지 않아도 적은 월급인데, 직원들 회식비까지 대려면 살림을 어떻게 꾸려나갈지 막막했다. 그래서 남편에게 어차피 식당에 줄 돈을 내게 주면 집에서 밥을 해주겠다고 했다.

한 푼이라도 아끼려니 특별한 음식을 할 수도 없었다. 그저 예전에 우리 어머니가 해주셨던 것처럼, 부침개도 부치고 두루치기나 된장찌개를 정성껏 만들었다. 유부초밥도 빠뜨리지 않았다. 고맙게도 직원들이 맛있게 잘 먹었다. 그런데 회식이 자꾸 잦아지니까 슬슬 힘에 부쳤다. 회식 때마다 시장으로 슈퍼마켓으로 장보러 가는 일도 많아졌다. 하루는 슈퍼 주인아주머니가 무슨 손님이 그리 많으냐면서, "원 그렇게 손님을 치러서야 어디 살겠어?"라며 손님 안 오게 만드는 비법을 알려준다는 것이다. "뭔데요?"하고 물었더니, 손님이 현관을 들어서면 중국집에 전화해서 큰소리로 "아줌마! 짜장면 아홉 그릇만 배달해주세요!" 하고는 안방으로 휭 들어가라는 것이었다. 그러면 다시는 손님이 안 올 거라는 말도 덧붙였다. 속 모르는 소리에 피식 웃고 말았다.

생활이 빠듯하니 자연히 부업거리를 찾게 되었다. 처음에는 주부들을 모아서 일본에서 배웠던 프랑스 요리를 가르칠까 했다. 그런데 막상 사람들에게 물어보니 반응이 시큰둥했다. 지금이라면 성황을 이뤘을지도 모른다. 하지만 그때는 배운다는 사람이 하나도 없었다. 사실 아이들에게 만들어 먹이려고 해도 재료 구하기도 어렵던 시절이었다. 그래서 다시 곰곰이 생각하니 대학 때 아이들에게 영어를 가르쳤던 일이 생각났다. 아이들에게 영어를 가르치는 일은 할 수 있을 것 같았다. 대학 때부터 했던 일이니 그나마 자신감이 있었다. 그래서 동네 아이들을 대상으로 영어 과외를 시작했다. 다행스러운 것은 일본에서 돌아와서 얻었던 전셋집이 울산에 처음으로 생긴 엘리베이터 있는 아파트였던 점이다. 주거 환경이 서울에는 못 미쳐도 울산의 8학군은 되었다. 그래서 그런지 그 아파트에는 경제적으로 여유 있는 사람들이 많았다. 고등학교도 입시로 들어가던 때라 영어 과외를 받겠다는 아이들이 점점 많아졌다. 둘이 버니까 생활에도 도움이 되었다.

실력도 실력이지만 과외는 입소문이 무섭다. 가르치던 아이 중에 고등학교 입시에 실패해 재수하던 아이가 있었다. 내게 영어 과외를 받은 후 입학시험에서 영어 만점을 받았는데 그 아이가 들어간 학교가 명문고로 알려진 울산여고였다. 그 소문이 퍼져서 그 아파트 아이들은 다 가르쳤던 것 같다. 그때 가르치던 아이들이 모두 어른이 되어 직장생활을 하고 있다. 어떤 날은 시청이나 구청에 일 보러 갔다가 만나기도 한다. 하루는 급하게 여권을 만들러 시청에 갔는데, 담당자가 깜짝 반기면서 인사를 했다. 얼굴을 보니 어렸을 때 내게 영어를 배웠던 아이였다. 서둘러 일을 처리해줘서 큰 도움이 됐다. 대견스럽기도 하고 이제는 아이들 덕 볼 만큼 세월이 흘렀구나 싶어서 가슴이 뭉클했다.

돌아보면 힘들었던 시절이지만 그 시절이 지금의 밑거름이 되었다. 늦게까지 직장 생활을 하면서도 외조를 잘 해준 남편 덕분에 공부를 계속할 수 있었다. 고진감래, 지금 내 인생은 달다.

친정식구들과 우리 형제들은
음식파티를 자주 하곤 했다.

일본어 스타강사, 이인자

생활이 좀 안정되니까 일본어 공부를 마무리하고 싶어졌다. 일본에 있을 때 얼마나 열심히 일본어 공부를 했던가? 일상적인 대화는 가능한 터라 고급반을 찾았지만, 고급반이 개설된 학원을 찾기 어려웠다. 어떻게 배운 일본어인데 잊어버릴까 봐 점점 조바심이 났다.

하루는 집에서 멀리 떨어진 일본어학원까지 가게 되었다. 원장실에서 상담하는데, 벽에 걸려있는 일본어 1급 인증서가 눈에 띄었다. 처음에는 고급반에 들고 싶다는 내 말에 반신반의하는 눈치더니, 1급 인증서가 있다는 말에 눈이 휘둥그레지며 테스트라도 하자고 했다. 학원에 고급반도 없고 누구에게 배울 실력이 아니라며, 차라리 강의를 해보면 어떠냐고 했다. 한 번도 생각해 보지 못한 일이라 선뜻 대답할 수 없었다. 그런데 집에 돌아와 곰곰이 생각해보니 영어도 가르치는데 일본어라고 못할까 싶었다. 그리고 강의 준비를 하다 보면 따로 공부하지 않아도 내 공부도 될 것이었다. 어렵게 배운 일본어를 녹슬지 않게 계속 쓸 기회라는 생각이 들었다. 집에서 가까운 학원에 가서 이력서를 내고 일본어 강의를 맡게 되었다. 그렇게 일본어 강사로 첫발을 내디뎠다.

어학에는 비법이 있을 수 없다. 그저 투자한 만큼 얻는 정직한 분야가 어학이다. 그러니 가르치는 나도 열심히, 정말 열심히 가르치는 것 말고는 왕도가 없었다. 끊임없이 중얼거리고 용기 내 말하다 보면 어느새 완벽한 자기의 소리로 말하고 있는 자신을 발견하게 될 것이다. 처음 강의를 시작했을 때는 교재나 문법 위주의 강의가 대부분이었다. 나는 회화 강의를 맡아서 강의를 모두 일본어로 진행했다. 요즘으로 치면 '네이티브 스피커' 방식이었다. 신기해서 그랬는지 일본어 공부에 도움이 된다고 판단했는지 수강생이 빠른 속도로 늘었다. 다른 학원들이며 행정기관에서 운영하는 평생교육아카데미에서도 강의 의뢰가 들어왔다. 평범한 전업주부였던 내가 일본어 스타강사가 된 것이다.

어느 날 강의를 마치고 휴게실에 들어가려는데 내 험담을 듣게 되었다.

"이인자 선생님은 정식 일본어과도 안 나왔잖아. 그런데 무슨 강사를 한다는 거지? 참 내."

또렷하게 들렸던 그 말에 한동안 정신이 멍해졌다. 강의 실력보다 학력을 더 중요하게 여기는 사람들의 생각이 무섭기도 했

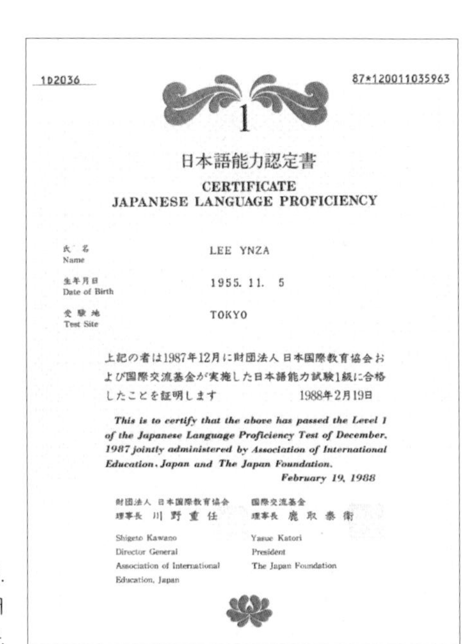

1D2036 87*120011035963

1

日本語能力認定書

CERTIFICATE
JAPANESE LANGUAGE PROFICIENCY

氏名 Name: LEE YNZA

生年月日 Date of Birth: 1955. 11. 5

受験地 Test Site: TOKYO

上記の者は1987年12月に財団法人 日本国際教育協会および国際交流基金が実施した日本語能力試験1級に合格したことを証明します 1988年2月19日

This is to certify that the above has passed the Level 1 of the Japanese Language Proficiency Test of December, 1987 jointly administered by Association of International Education, Japan and The Japan Foundation.

February 19, 1988

財団法人 日本国際教育協会
理事長 川野重任
Shigeto Kawano
Director General
Association of International Education, Japan

国際交流基金
理事長 鹿取泰衛
Yasue Katori
President
The Japan Foundation

일본어 1급 인증서.
평범한 전업주부에서
스타강사 거듭나다.

다. 그래, 이왕 하는 거 제대로 해보자는 오기가 생겨서, 학사 편입으로 울산대 일문과에 들어갔다. 내친김에 교육대학원 석사과정까지 밟았다. 학비가 필요하니 영어 과외도 멈추지 않았다. 대학원에 입학하던 날, 몇 년 전 험담을 했던 그 선생님이 떠오르면서 그 말이 오히려 내게 약이 됐구나 생각했다.

대학원을 마칠 무렵 우연히 영산대학교 일문과 이우석 교수를 만나게 되었다. 어렸을 때 무던히도 밤참 심부름을 많이 시켰던 오빠 친구 중 한 분이었다. 어떻게 지내느냐고 묻길래 "이번에 일문과 졸업해요. 자리 있으면 강의 하나 주세요." 농담처럼 한마디 했는데, 얼마 뒤에 정말로 연락이 왔다. 면접을 거쳐 성심외국어대학에서 일본어 강의를 하게 되었다. 학교가 부산에 있어서 야간 수업을 하는 날은 집에 돌아오면 11시를 훌쩍 넘겼다. 주위에서는 여자가 밤늦게 차를 몰고 다닌다며 간도 크다고 혀를 내둘렀다. 고생스러우니 그만두라고 했다. 그래도 강의하러 다니는 것이 좋았다. 그렇게 한참 강의가 무르익을 무렵 하필이면 강의하던 대학이 같은 재단에 있는 4년제 영산대학교로 편입되었다. 4년제 대학교에서는 교칙상 석사학위로는 강의를 맡을 수 없다고 했다. 박사학위 이년차는 되어야 강사 자격을 준다니 더 이상 강의를 못하나 싶다가 불끈 오기가 생겼다. 까짓것 박사학위까지 해버리자 맘을 먹고 들어갈 만한 대학원을 물색했다. 그런데 울산 인근 대학교에는 일본학 박사과정이 없었다. 등록금 비싼 사립대학원은 다닐 엄두가 안 나서 국립대학교 위주로 찾다 보니 진주 경상대학교에 박사과정이 있었다. 석사과정을 함께 마쳤던 김석란 선생과 함께 그 학교에서 박사과정을 하게 되었다. (지금도 옛날 힘들었던 이야기하며 가끔 만나 수다를 떤다.) 울산에서 진주까지 교대로 운전하면서 강의를 받으러 다녔다. 출근길에는 차가 밀려서 제시간에 못 갈까 봐 꼭두새벽에 일어나 가족들의 아침식사를 차려놓고 대여섯 시에 울산에서 출발했다. 진주길이 천 리라더니 진주 가는 길은 멀었다. 함께 다녀준 김석란 선생이 없었다면 도

중에 그만뒀을지도 모를 일이다. 강의와 공부를 병행하며 온종일 차로 돌아다니다 보면 한 달 기름값으로만 그 당시 50만 원 넘게 쓸 때도 많았다. 그래도 운전하며 이동하는 시간조차 행복했다. 강의가 모두 끝나고 집으로 돌아가는 길에 듣던 음악은 정말 좋았다. 그렇게 차 안에서 봄, 여름, 가을, 겨울을 느끼며 늦깍이 학생의 시간을 즐겼다.

그런 중에도 일본어 강의는 점점 늘어나서 기업체 세 군데와 대학 강의를 비롯해 울산 시내 문화센터, 도서관 수업까지 하게 되었다. 요일별로 야간강좌까지 쉴 틈이 없었다. 그때가 이인자의 전성시대였던 것 같다. 종강 때는 집에 있는 큰 접시들을 다 싣고 가서 학생들과 일본 음식으로 종강파티를 했다. 일본어를 배우며 일본음식문화도 경험해 보자는 의미였다. 강의가 많으니 종강파티도 셀 수 없이 많았다. 강의 일정이 빼곡해서 새벽 별 보고 나가 밤 별 보고 들어오는 생활이 계속됐다.

바깥일 하는 엄마의 비애

자의든 타의든 바깥에서는 승승장구하는 날이 계속되었다. 몸은 피곤해 쓰러질 지경이라도 무언가 배우는 일은 심장을 뜨겁게 한다. 하지만 아이들을 생각하면 지금도 마음이 먹먹해진다.

큰애는 뭐든 혼자서도 곧잘 했다. 학교에 입학해서도 영특하게 공부를 잘했다. 맏이라 그런지 항상 든든했다. 그런데 둘째는 어려서부터 엄마 그늘에서 벗어나 있어서인지, 한 번씩 마음을 졸이게 했다. 유치원 다닐 때였나, 하루는 못 보던 조그마한 장남감을 들고 집에 왔다. 돈이 있을 턱이 없는데, 이상해서 물어보니 "샀어!" 하는 것이다. 알고 보니 집 앞 슈퍼에서 그냥 들고 온 것이었다. 경제관념이 없던 터라 물건을 그저 들고만 오면 되는 건 줄로 알았던 것이다. 순간 아찔해졌다. 다시는 그런 일이 안 생기도록 아이를 따끔하게 야단쳤다. 그 길로 아이를 데리고 슈퍼에 가서 셈을 치르고 주인에게 사과했다. 그날 밤 혼자 울었다. 엄마가 늘 곁에 있었더라면, 슈퍼나 시장에 데리고 다니면서 물건은

엄마 손이 많이 필요했던 때,
바쁜 엄마 때문에 아이들은
혼자 해야하는 일들이 많았다.

돈을 주고 산다는 것을 알려줬더라면 생기지 않았을 일이었다.

외부 강의가 많아지자 학원 강의를 그만두고 어학원을 차렸다. 영어 문법이나 일본어는 직접 가르치고 원어민 영어 선생님 한 사람을 초빙해서 영어회화를 가르쳤다. 학원 한 칸에 카펫을 깔고 아이들 놀이방을 꾸몄다. 아이들은 학교수업이 끝나고 와서, 학원 문 닫는 시간까지 거기에서 놀기도 하고 숙제도 하다가 지치면 잠들었다. 강사 하나 두고 시작했던 학원이 자리를 잡아서 건물 5, 6층을 빌려서 이사를 했다. 번화가에 강의실도 넓고 주차장도 넓었다. 외부 강의를 가던 기업체 직원을 대상으로 40명, 80명씩 위탁교육을 할 수 있었다. 일본어 강의 교재도 개발하면서 여전히 바쁜 나날을 보냈다. 주부들이 부업으로 할 수 있는 방문교육 시스템도 만들었다. 일본어 강사에서 학원을 운영하는 사업가로 차츰 변신하는 나를 발견할 수 있었다.

한참 학원이 잘 나가던 무렵, 둘째가 초등학교에 들어갔다. 선행학습이라도 시켰어야 했나 하고 불안해하는데, 아니나 다를까 첫 받아쓰기 점수로 28점을 받아왔다. 갑자기 하늘이 노래졌다. 남들 가르친다고 내 아이 교육에 소홀한 결과였다. 그렇다고 아이한테 화를 낼 수도 없었다. 아이는 "형은 잘하잖아?"라고 말하며 울먹거렸다. 마음을 가다듬고 참 잘했다고, 엄마는 20점도 못 맞을까 봐 걱정했는데, 28점이나 받아왔으니 잘한 거라고 다독였다. 그런데 이 녀석이 이제는 대놓고 꺼이꺼이 운다. 정작 울고 싶은 사람은 난데 아이를 껴안고 토닥이면서 "종혁아! 아빠는 글씨를 잘 쓰시지? 종혁이도 나중에 아빠 나이가 되면 뭐든 다 잘할 수 있을 거야. 다음번 시험에는 40점도 맞을 수 있을걸!"하고 달랬다. 아이를 재우고 나서 한숨만 푹푹 나왔다. 어쩌면 좋을지 한 달 가까이 고민했다. 일을 그만둘 수도 없고, 아이를 이대로 내버려둘 수는 더욱 없었다. 아무리 생각해도 학원을 그만두는 것이 최선이었다. 잘 되는 학원을 접으려니 마음이 흔들렸지만, '자식 농사는 시간이 지나면 실패를 되돌릴 수 없지만, 학원은 언제든 다시 시작할 수 있어!'라고 마음을 다독이며, 눈을 질끈 감고 학원 문을 닫았다. 인수인계할 여유도 없었다. 질질 끌다가는 이도 저도 안 될 일이었다. 그날부터 둘째 아이 옆에서 학교 공부를 봐주기 시작했다. 틈만 나면 뭐든 잘한다고, 잘할 거라고 말했다. 그런데도 중학교에 들어가서도 국어 성적은 여전히 좋지 않았다. 항상 우등생이었던 형과 같은 학교에 다니는 바람에 선생님들한테 "형은 잘하는데, 네 녀석은?"이라는 말을 많이 들었다. 스트레스받지 말고 잘하는 과목만 열심히 하자고 둘째를 달랬다. 다행히 수학이나 과학에는 소질을 보였다. 그 힘든 과정을 거쳐 지금은 도쿄에서 명문사립대에 유학중인 둘째 녀석을 바라보면 가슴을 쓸어내리며 인내하며 기다린 것이 좋은 결과를 가져다 주었다는 생각이 든다.

학원을 그만뒀어도 외부 강의가 점점 늘어나서 다시 바깥일이 바빠졌다. 새벽부터 밤까지 밖으로 돌아다니다 보면 아이들과 함께 밥 먹는 것도 어려웠다. 함께 하지 못하는 미안한 마음 때문에 애들 먹는 것에는 더 신경을 썼다. 아무리 새벽 일찍 집을 나서도 아이들 아침밥은 차려놓고 움직였다. 라면을 먹이더라도 면을 데쳐서 따로 육수를 내어 끓여 먹였다. 인스턴트식품보다는 건강식으로 밥상을 준비했다. 그렇지만 저녁에도 강의가 잦아서 아이들이 집에 돌아오면 엄마 없이 스스로 밥을 챙겨 먹어야 했다. 식은 밥 먹을 애들을 생각하면 맘이 편치 않았다. 그래서 애들이 중학교에 다닐 무렵부터는 도시락배달을 시작했다. 밖에서 일하다가도 점심 때가 가까우면 집에 가서 따뜻한 밥을 싸들고 학교에 갔다. 차 뒷좌석에 앉아서 밥을 먹는 애들을 보면 마음이 놓였다. 내 새끼 입에 따뜻한 밥이 들어가는 모습을 하루 한 번이라도 보고 싶었다.

요리연구가의 꿈을 안고 다시 일본으로!

2009년 늦은 가을, 저녁 강의를 마치고 집으로 돌아오던 길에 라디오에서 이브 몽탕의 '고엽'이 흘러나왔다. 계절에 상관없이 심금을 울리는 노래, 가을이면 특히나 삶을 다시 돌아보게 하는 세기의 명곡. 그렇지만 그 밤 나는 그 샹송보다 뒤이어 나온 디제이의 말에 매혹됐다.

"지금 가슴 속에 무엇이 들어 있나요? 무엇을 바라고 있나요? 원하는 바를 실천에 옮기지 못하는 것은 지금 손에 쥐고 있는 것을 놓칠까봐서가 아닐까요? 손에 쥐고 있는 것들을 과감히 놓아 보세요. 그러면 행복도 따라온답니다."

"아!" 하고 가벼운 한숨이 새어나왔다. 나도 무언가를 놓지 못하고 있는 것은 아닐까?

일본어 강사로 성공 가도를 달리고 있었고, 박사과정도 착실히 밟고 있었다. 그런데 언제부터인가 내 안에서 꿈틀거리는 불안한 진동이 느껴졌다. 처음엔 진동쯤이었다가 점점 더 강도가 세지더니 아무 때나 불쑥불쑥 솟아나 격력하게 나를 뒤흔들곤 했다. '나 혼자 너무 많은 걸 차지하고 있어서 다른 사람들이 불만도 많겠구나' 하는 생각도 들었다. 아닌 게 아니라 실제로 '무슨 비리라도 있지 않으면 이렇게 혼자 강의를 독점할 순 없다'는 투서가 강의하던 기관에 들어간 적도 있었다. 그 후로 이력서의 이름이며 신상명세를 가린 채 서류면접을 본 일도 있었다.

일본어 수업을 듣는 수강생 중에는 주부들이 가장 많았다. 아이를 낳고 뒤늦게 일본어 강사가 되어서, 나이 50이 넘어서도 대학원에 다니는 내 모습을 보며 용기를 얻었는지도 모르겠다. 하지만 강의하러 문화센터에 가면 노래교실에서 흥겹게 노래하는 주부들이 부러웠다. 어깨를 들썩이는 모습에 나도 저랬으면 싶었다. 일본어 강의를 할 때는 내가 저 자리에 앉아서 수업을 들었으면 하는 마음에 가끔 먼 산을 보기도 했다. 내가 좋아하는 것을 배우며 사는 삶은 얼마나 행복할까? 오십 대로 접어들면서 나이 드는 것이 불안해졌다. 추하게 늙어갈지도 모른다는 불안과 함께 나이 드는 것 자체에 대한 불안이었다. '이러다 곧 육십이 되겠지. 몸도 노쇠할 것이고, 젊은 강사들한테 떠밀려 그만둘 때가 오겠지', '이렇게 고수입의 직업을 그만둘 수는 없어! 나이 든다고 못 하는 것도 아니잖아' 하루에도 수십 번씩 두 가지 생각이 아우성을 치며 교차했다. 그때부터 나이가 들어도 품위 있게 할 수 있는 일이 뭘까 고민하기 시작했다. 일본어 말고는 특별히 잘하는 것도 없고, 청소를 한다고 해도 나이 든 사람을 쉽게 써줄 리 없다. 그런데 텔레비전을 보니 요리 강사들은 나이와 상관없이, 오히려 연륜이 쌓이면서 우아한 모습으로 강의를 했다. 사람은 누구나 먹어야 살 수 있고, 혹자는 먹기 위해 산다고까지 말한다. 그래 저거구나 싶었다. 어린 시절 어머니를 돕던 기억부터 우리 가족에게 최고로 건강한 음식을 먹이려고 애쓰던 생활이 주마등처럼 스쳐 갔다. 건강한 음식과 가르치는 일. 그 둘이라면 잘할 수 있을 것 같았다. 그래 요리 강사가 되자 마음먹고 울산대학교 대학원 식품영양학과에 등록했다. 일본어 박사과정을 밟고 있었지만, 마음이 조급해져서 하루도 늦출 수가 없었다. 학비 때문이라도 일본어 강의를 계속 해야 하니 박사과정을 그만둘 수도 없었다.

일본어야 20여 년 동안 해오던 것이라 대학원 수업도 그리 어렵다고 느끼지 않았는데, 식품영양학은 달랐다. 원서로 공부하는 식품 용어나 화학 용어는 발음도 어렵고 단어도 외워지지 않았다. 영어 프레젠테이션이라도 준비하는 날이면 밤새 사전을 잡고 끙끙대야 겨우 완성할 수 있었다. 그래도 꿈을 위한 한 발짝을 포기할 수 없었다. '10년만 하자. 10년이면 강산도 변하는데, 10년만 하면 아무리 재능이 없어도 프로가 되겠지.' 석사학위 논문으로 "한 · 일 식생활 변천사 고찰을 통한 한국 음식문화 정체성에 관한 연구"를 주제로 잡았다.

석사과정과 박사과정을 마치고도 한동안 일본어 강의를 계속

했다. 요리는 원래 관심이 많던 분야지만 막상 구체적으로 무엇부터 할지 방향이 잡히지 않았다. 박사과정에서도 무엇을 할지 쉽게 결정할 수가 없었다. 남들보다 늦게 시작했다는 조바심 때문이었을까? 할 수 있는 한 많은 것을 배우려 노력했다. 대학원 공부도 부족한 부분들은 궁중음식을 배우고, 울산 음식문화포럼에 참가하고, 진주경상대에서 수업을 하면서 메워갔다. 그러면서 "한 · 일 음식문화 비교 연구"를 계속했다.

그리고 오랜 고민 끝에 남편을 설득해 일본 음식문화와 요리를 공부하러 일본에 가기로 했다. 한참 일본 유학준비로 정신이 없는데, 지인 한 분이 꼭 만났으면 좋겠다고 연락이 왔다. 무슨 일인가 싶어 만나보니 일본에 식당을 연다는 것이다. 그런데 자신은 일본에 있을 수도 없고, 일본말도 못하니 일본에 유학하는 김에 식당 운영을 맡아 달라고 했다. 어차피 공부하려면 학비도 들 텐데 아르바이트하는 셈 치고 하루 몇 시간씩만 운영해달라는 것이다. 여러 여건을 따져봐도 나쁘지 않은 조건이었다.

일본 유학을 준비 중인 둘째 아들과 함께 20여 년 만에 다시 도쿄에 집을 구하고 일본 유학생활을 시작했다. 월급사장이지만 식당 주인으로 학생으로 펼쳐나갈 새로운 날들에 기분 좋은 설렘으로 심장이 두근거렸다.

food story

쌀누룩 꽃피다

쌀누룩이란?

쌀 고두밥에 누룩 종균을 주입해서 누룩을 만드는 배양법을 고체배양법이라고 하는데, 이렇게 만들어진 누룩이 쌀누룩이다. 전통 누룩은 밀이나 보리 같은 재료를 가루 내 물로 반죽해서 고형화한 후에 공기 중에 있는 발효균을 통해 자연 발효하는 방식이다. 전통 누룩은 고체배양법과 비교하면 대량생산이 어렵다는 단점이 있다. 고체배양법으로 만들어진 쌀누룩은 쌀 자체가 밑바탕이 되고, 거기에 포함된 전분을 원료로 누룩이 만들어지는 이중 효과가 있다.

쌀누룩에는 아밀라아제, 프로테아제, 리파아제 같은 소화 효소균이 있어서 소화를 돕고, 장의 면역력 향상에 도움이 된다. 아밀라아제가 쌀 전분을 포도당으로 변화시키는 과정에서 항산화 물질의 하나인 코지산Kojic acid이 생성된다. 코지산은 활성산소를 억제해서 세포의 활성화를 돕는다. 그 결과 고혈압을 예방하고 비만을 억제하며 피로회복 및 면역력을 강화한다. 코지산은 피부에

기미를 만드는 멜라민을 억제하는 작용도 있다. 소화효소 외에도 쌀누룩에는 여러 기능성분이 함유되어 있다. 항 스트레스 성분인 가바Gaba는 긴장을 완화하고 혈압상승을 억제하며 혈중 콜레스테롤과 중성지방 증가를 억제하는 효과가 있으며, 알파-글루코시다아제α-Glucosidase는 체중증가를 억제하는 효과가 있다. 또한 쌀누룩은 발효과정에서 피부재생을 촉진하는 비타민 B1과 B2, 지방대사 촉진으로 기미를 예방하는 B6, 니아신Niacin, 콜라겐 생성을 촉진하는 판토텐산Pantothenic acid, 이노시톨Inositol, 바이오틴Biotin 같은 건강유지에 필요한 풍부한 비타민을 만든다. 이렇듯 쌀누룩은 3대 소화효소와 필수아미노산, 비타민, 미네랄을 다량 함유하고 있어서 우리 몸의 면역력을 높이고 세포를 활성화한다.

쌀누룩 만들기

백미를 씻어서 물에 충분히 불린 후 물기를 빼고 고두밥을 찐다.

고두밥 온도가 35도(℃) 정도까지 식으면 씨 누룩균을 백미 10킬로그램 당 10그램의 비율로 골고루 섞어, 온도와 습도가 유지되는 공간에 약 17~18시간 정도 둔다. 이때 습도가 60퍼센트 이상이 되면 다른 잡균들이 번식할 수 있으므로 60퍼센트 이하로 제어해야 한다. 17~18시간이 지나면 잠자던 누룩균이 활성화된다. 누룩균이 활성화되면 고두밥 온도가 올라간다.

쌀누룩균이 가장 잘 번식하는 온도는 33도(℃) 전후다. 고두밥 온도가 43도(℃) 이상, 3시간 이상 지속되면 누룩균이 죽어버리므로, 누룩균의 생육과 착상을 돕기 위해 고두밥을 골고루 섞어주는 세심한 손길이 필요하다. 고두밥에 씨 누룩균을 심고 약 45시간 정도 지나면 쌀누룩이 된다. 잘 된 쌀누룩은 쌀에 고양이 솜털처럼 미세한 털 꽃이 핀다.

쌀누룩균에는 균의 털이 긴 장모長毛 균과 털이 짧은 단모短毛균이 있다.

품질 좋은 쌀누룩은 황백색을 띠며 씹으면 단맛이 나고 누룩향을 느낄 수 있다. 밥알 하나하나에 누룩균이 고루 착상해서 적당한 수분을 유지할 때 탄력 있는 쌀누룩이 만들어진다. 잘 된 쌀누룩은 밥알 내부까지 누룩 균이 고루 퍼져있다.

쌀누룩은 쌀, 물, 기후와 더불어 누룩을 빚는 기술이 필요하다. 누룩도 와인처럼 떼아루가 있다. 따라서 쌀누룩은 술 제조에 필요한 효소를 충분히 갖추고, 온도변화가 없고 잡균의 오염이 적은 곳에서 만들어야 한다. 좋은 쌀누룩을 만들기 위해서는 좋은 균을 사용하여야 함은 물론이고, 단일 균으로 누룩을 만드는 것이 청주의 최종 맛을 조절하는 데 중요하다. 쌀누룩은 천연 발효 조미료를 만들기 위해서 없어서는 안 될 중요한 음식재료다. 일본에서는 2010년 기준으로 연간 약 42만 킬로리터의 청주를 생산하고 있으며, 이 청주 제조의 원료가 바로 쌀누룩이다.

완성된 쌀누룩은 누룩균이 살아 있으므로 냉동보관하거나 건조해서 보관한다. 일주일 정도는 냉장보관도 가능하지만, 그 이상이면 보통 냉동보관한다. 냉동했던 쌀누룩은 상온에서 바로 누룩의 활성화가 이뤄지므로, 건조된 쌀누룩에 비해 활성화 시간이 빠르다.

쌀 발효 조미료의 특징

쌀누룩을 활용한 발효 조미료는 필수아미노산, 비타민, 미네랄을 다량 함유하며, 면역력 강화, 세포 활성화, 피로회복 같은 쌀누룩의 효능을 고스란히 담고 있다. 만드는 방법도 간단하고, 저칼로리, 저염도 식품으로 건강에 도움이 된다.

쌀누룩을 이용한 음식재료들

쌀누룩으로 만든 대표적인 식품으로는 청주, 소주, 감주, 미린, 된

구마모토 미사토초에서
처음 연습해서 만든 쌀누룩.

장, 간장 등이 있다.

소금누룩

소금누룩은 소금 대신에 모든 음식에 쓸 수 있다. 특히 두부, 채소를 발효시키기 좋다. 음식을 만들 때 밑간을 줄이고 마지막에 소금누룩으로 간하면 염도를 줄일 수 있어서 좋다. 특히 생선이나 육류의 비린맛을 없앨 수 있어서 요리시 감칠맛을 높일 수 있다.

간장누룩

간장으로 만드는 모든 음식에 응용할 수 있다. 음식을 볶을 때 쓰면 감칠맛이 우러나서 맛이 한결 좋아진다.

젓갈누룩(생선, 새우)

생선이나 새우를 이용한 생선누룩은 국간장 대신 사용하며 김치를 담글 때 좋다. 우리 입맛에 맞아서 양념장이나 쌈장을 만들 때 밑재료로 쓰면 모든 이의 입맛을 사로잡을 수 있다.

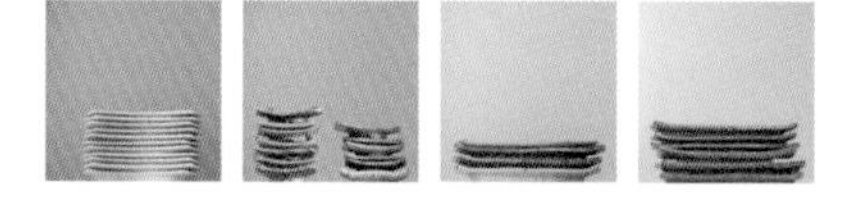

세상에는 맛있는 음식이 아주 많다.

입에 착착 붙는 감칠맛은 달다, 시다, 짜다 같은 어느 한 단어로 표현할 수 없는 오묘한 맛

맛과 맛이 서로 충돌하지 않도록 이어주는 연결고리가 아닐까 싶다.

삶에도 이런 감칠맛 나는 순간들이 있다.

사건 사건마다 이어주는 매개체.

내 삶이 어느 한쪽으로 치우쳐 어그러지지 않도록 잡아주는 힘.

내 인생을 감칠맛 나게 만드는 존재들이 있다.

life story

감칠맛 나는 인생

치유의 음식, 매크로바이오틱스

도쿄에서 유학 중인 둘째 아이가 방학이라고 집에 다니러 왔다. 떨어져 있으니 건강이 제일 걱정이었는데 건선에 걸렸다고 한다. 가려움증에 시달리는 아이에게 밀가루, 설탕, 기름진 것, 맥주를 먹지 말라고 했다. 약으로도 쉽게 치유할 수 없어 불치병이라고도 하지만, 음식만 조절한다면 충분히 완치할 수 있다고 믿었다. 그래서 심하지 않으니 삼 개월만 엄마가 제안하는 식단으로, 먹는 것을 조심해달라고 당부했다. 이런 경우 독소제거 효과가 있는 녹두나 몸의 열을 빼주는 생채소를 많이 섭취하는 것도 도움이 될 것이다. 음식을 공부하면 할수록 입에 단 음식보다는 몸에 좋은 음식을 먹어야 한다는 생각이 강해진다. 물론 몸에 좋은 음식이 맛도 좋다면 금상첨화겠지만 말이다. 둘째는 엄마의 처방에 따라 몇 개월 음식에 신경을 쓰더니 이제는 가려움증에서 해방되어 밝은 모습으로 일상생활을 하고 있다.

매크로바이오틱스Macrobiotics라는 식생활 법이 있다. 1927년 일본에서 시작되어 히피 문화가 유행하던 1960~70년대 미국에서 인기를 끌었던 식생활법으로, 동양의 자연사상과 음양오행에 뿌리를 둔 식생활 법이다. 일본에서는 매크로바이오틱을 '치유의 식생활'이라 부른다. 매크로바이오틱은 쉽게 말해서 자연 장수식이라 할 수 있다. 건강한 재료를 많은 조리과정을 거치지 않고 먹음으로써 재료가 지닌 건강한 에너지를 섭취하자는 것이다. 그래서 정제된 백미나 밀가루보다는 현미나 통밀을 선호하며 정제된 조미료보다 천연 조미료를 이용하도록 한다. 또 하나는 제철 재료를 먹는 것이다. 겨울에 나는 재료는 추운 계절에 살아남으려고 안으로 기운을 모아서 먹는 사람을 따뜻하게 한다. 마찬가지로 여름에 나는 재료는 더위를 견디기 위해 찬 기운을 지니게 된다. 그러므로 그 계절을 건강하게 보내려면 제철에 나는 재료로 음식을 만들어 먹어야 한다. 요즘은 냉장고가 발달하면서 사람들이 너무 냉장고를 맹신하는 것 같다. 좋다는 음식이 있으면 냉동하거나 즙을 내서 냉장고에 보관해놓고 일 년 내내 먹는다. 아무리 좋은 음식도 제철의 기운을 지니고 있어야 하므로 일 년 열두 달 먹는다고 다 좋은 것은 아니다. 또 매크로바이오틱에서는 음식에서 음양의 조화를 추구한다. 예를 들면 찬 성질이 있는 돼지고기는 따뜻한 성질이 있는 마늘과 함께 먹어 음양의 조화를 맞추는 것이다. 찬 성질의 돼지고기는 소금누룩을 넣어 발효시키는 것으로도 음양의 조화가 이뤄지기도 한다. 발효과정에서 발산되는 열이 돼지고기의 찬 성질을 중화시키고 영양의 균형을 맞추는 것이다. 결국 인간이 자연의 순리를 거스르지 않고 섭생에 신경을 쓴다면, 큰 병에 걸리지 않고 건강한 삶을 누릴 수 있다는 것이 매크로바이오틱에서 추구하는 바다.

사람들에게 건강을 주는 음식에 관심이 많았던 터라 자연 그대로의 건강식이라는 매크로바이오틱에 자연스레 끌렸다. 건강 장수식을 공부하러 일본에 가서 꼭 배우려 했던 것도 바로 매크로바이오틱이었다. 4~5년 전만 해도 국내에서 매크로바이오틱은 생소한 분야였다. 그런데 우연히 초대받아간 파티에서 매크로바이오틱 선생님을 만날 수 있었다. 고마츠小松라는 자동문 전기회사의 한국지사 설립 파티였는데, 그 회사 회장 부인이 돗토리현鳥取県에서 매크로바이오틱 학교를 운영한다고 했다. 거기서 인사를 나눈 인연으로 도쿄에 있는 쿠시Kushi 매크로바이오틱 아카데미를 소개받게 되었다.

일본에 가자마자 쿠시 매크로바이오틱 아카데미에 등록했다. 쿠시 아카데미 창립자인 쿠시미쯔오久司道夫는 매크로바이오틱을 시작한 사꾸라자와桜沢의 제자로, 아카데미를 통해 매크로바이오틱을 보급했다. 기본과정부터 시작했는데, 중간에 동경여자영양대학 일본요리과정을 함께 공부하느라 1년이 걸려서야 마칠 수 있었다. 1년 후 상급자과정을 마저 공부했다. 상급자과정은 이와

Kushi Institute of Japan

修 了 証

Extension Program

Advanced

KUSHI macrobiotic academy

李 仁子

Nov. 2012

KIJ

Kushi Institute of Japan

修 了 証

Extension Program

Basic

KUSHI macrobiotic academy

李 仁子

Sep. 2011

KIJ

第 250301 号

修 了 証 明 書

李 仁子

香川 芳子

일본에서 요리공부로 딴 수료증들.

나시학교에서 5일 동안 머물면서 자연에서 얻은 재료로 음식을 만들어 먹는 현장 학습이었다.

비록 남편과는 멀리 떨어져 지냈지만, 평소에 하고 싶던 요리 공부를 하면서 아들과 함께 보내는 일본 생활은 행복했다. 늦게나마 하고 싶은 공부를 시작한 성취감과 더 일찍 시작하지 못한 아쉬움이 교차했다. 50대 중반에 나는 매크로바이오틱 수업을 받으면서 치열하게 살아왔던 지난 시간의 고단함을 달래는 치유의 시간을 보내고 있었다.

보건소 지정 착한 식당, 미가

도쿄 도심에서 동북쪽으로 40분 정도 전철을 타면 한국 사람들이 많이 모여 사는 다케노츠까竹の塚라는 역이 있다. 이 전철 역 인근에 있는 불고기집 '마시소요ましそよ'는 오후 다섯 시부터 영업을 시작했다. 수업이 끝나면 출근했다가 아홉 시나 열 시쯤 내가 퇴근하면 주방장이 남아서 새벽까지 가게 문을 열었다. 전철역과 가까운 데다 상가가 모여 있는 곳이라 그럭저럭 꾸려나갔다. 그런데 얼마 지나지 않아 적자가 나기 시작했다. 처음에는 장사를 시작한 지 얼마 안 돼서 그러려니 했는데, 3개월이 넘도록 수익이 늘지 않자 슬슬 불안해졌다. 아무리 아르바이트 삼아 시작한 일이라도 한국에 있는 가게 주인에게 면목이 서지 않았다. 점점 주방장이 하는 일이 눈에 거슬렸다. 식당은 무엇보다도 위생이 먼저고 중요한데 아무리 주의하라고 해도 도마 하나로 채소며 생선, 고기까지 다 썰었다. 월급사장이라고 내 말은 귓등으로도 안 듣는 것 같았다.

음식만큼 사람을 가깝게 만드는 매개체도 없는 것 같다. 집에서는 음식 먹을 사람이 아들과 단 둘뿐인데, 손이 커서 음식을 만들다 보면 자꾸 양이 많아졌다. 그러면 가게에 가져가서 이웃들과 나누거나 가게에 오는 손님들께 대접했다. 음식 덕분에 이웃 가게 사장들과 어느새 가까워질 수 있었다. 특히 가게 맞은편에 있는 메밀국숫집은 단골가게가 되었다. 워낙 메밀국수를 좋아하거니와 연세 지긋한 주인 부부가 남 같지 않았다. 국수가 맛있다고 한마디 건네면 활짝 웃으면서 좋아하셨다. 정신없는 날은 거기 가서 국수 한 그릇 후루룩 먹으면서 한숨 돌리는 것이 각박한 도쿄 생활의 즐거움이었다.

하루는 국수 가게 주인 할아버지께서 퇴근하는 나를 불러 세우셨다. 내가 퇴근하고 나면 주방장이 친구들을 불러서 술 마시고 고기 구워먹고 하는 일이 잦더라고 일러주셨다. 며칠 뒤 주방장에게는 퇴근한다고 하고서는 주변을 배회하다가 밤늦게 다시 가게에 갔다. 아니나 다를까 또 친구들과 술판을 벌이고 있었다. 그렇게 뒤로 새는 것이 많았으니 장사는 되는 듯 보여도 적자가 났던 것이다. 게다가 음식재료 납품업자와 작당을 했는지, 재료비는 더 드는데 품질은 점점 더 나빠지고 재고도 안 맞았다.

월급사장이라 쉽게 보는가 싶고 이대로는 가게가 곧 망하겠다 싶었다. 그래서 한국에 있는 사장에게 전후 사정을 이야기하고 내가 직접 가게를 인수하기로 했다. 그런데 그 후에도 여전히 주방장은 주인행세를 하면서 가게를 제 맘대로 운영했다. 식당 경영에서 가장 어려운 일 중의 하나가 주방장이 애먹이는 것이라는 사실은 익히 알고 있었지만, 기막힐 노릇이었다. 주방장은 자기가 없으면 어떻게 영업을 계속하겠느냐는 배짱이었다. 더는 주방장에게 끌려다녀서는 안 되겠다 싶어서 가게를 인수한 지 1년 만에 가게 문을 닫았다. 사실 가게를 넘길 말미도 없는 갑작스러운 결정이라 손해를 감수했다. 소문을 들은 한국인 식품회사 사장이 흔쾌하게 가게를 인수한다고 나섰다. 직원 식당으로 경영해도 손해가 아니라는 것이었다. 평소 한국 음식을 나누며 가까워졌던 이웃의 도움이 컸다.

막상 식당을 그만두니 학교에서 배운 요리를 실습할 공간이 없었다. 그때 살았던 아파트는 고기라도 구우면 온 아파트에 냄새가 퍼져서 요리연습은 엄두도 낼 수 없었다. 그래서 고민하다가 테이블 서너 개 놓고 다시 식당을 열었다. 주방장으로는 울산에서부터 알고 지내던 일본인 호텔 주방장을 초빙했다. 집으로 초대해 몇 차례 일본음식을 배우기도 하고, 한국생활에 도움을 드리기도 했었다. 마침 은퇴하고 오사카로 돌아왔다고 했다. 도쿄로 모셔 식당에서 함께 일하면 울산에서처럼 일본음식도 배우고 여러모로 도움을 받을 수 있을 터였다. 생각이 거기에 미치자 망설이지 않고 오사카로 날아갔다.

도쿄에 거처를 마련하고 쉐프를 모셔왔는데, 막상 함께 일을 시작하니 모든 것이 내 맘 같지 않았다. 영업 준비를 함께하면서 일본 요리를 배우고 싶다고 말씀드렸지만, 새벽같이 나와서 출근하기도 전에 혼자 영업 준비를 마쳐놓기 일쑤였다. 그러니 일본 요리를 배울 기회는 없었다. 게다가 화학조미료나 설탕을 많이 써서 음식 맛도 너무 달큼했다. 조심스럽게 의견을 말해도 반영되는 부분이 없으니 답답했다. 매크로바이오틱을 배우겠다고 일본까지 왔는데 조미료 범벅인 음식을 손님들에게 팔 수는 없었다. 계속 끌려다니며 투자만 할 수 있는 여건도 아니고 3개월 만에 쉐프 선생님을 오사카로 돌려보냈다.

두 번의 실패를 겪고 나서 나만의 식당을 해보자는 욕심이 생겼다. 그래서 식당이름을 미가味家로 바꾸고 한식을 팔기 시작했다. 오전에는 학교에 다니고 저녁 시간에만 예약을 받아 식당 문을 열었다. 주문에 따라 궁중음식을 만들기도 하고 건강식으로 삼계탕과 추어탕, 비빔밥 등을 만들었다. 일본에서 한식 하면 떠올리는 것은 불고기, 잡채, 떡볶이, 김밥 정도다. 또 한식 하면 맵고 짠 음식으로 인식된다. 고춧가루, 소금, 설탕, 조미료를 줄인 맛있는 한식을 선보이고 싶었다. 그래서 화학조미료를 일체 쓰지 않았다. 염도를 낮추고 화학조미료를 안 쓰니 손님들의 반응이 좋았다. 지금까지 먹던 음식과 비교해도 상큼하고 맛이 좋다는 평판을 받았다.

손님이 오든 안 오든 우리 가족이 먹어도 좋은 건강한 음식을 선보이자는 생각이 통했는지 예약 손님들이 하나둘 늘었다. 틈틈이 배운 음식을 연습하기도 하면서 바쁜 나날을 보냈다. 특별한 광고 없이 예약제로 식당을 운영했다. 한 번 다녀간 사람들이 다시 고객이 되었다. 특히 음식 관련 교수들이나 나이 드신 분들이 많았다. 다녀간 손님들의 식성이나 알레르기 등 개인 습성을 메모해 뒀다가 다시 오면 각자에 맞는 음식을 대접했다. 양파 알레르기가 있는 손님이 오면 준비된 국이 있더라도 양파를 빼고 다시 국을 끓였다. 정직함과 정성이 통했는지 단골이 늘었다. 멀리 요코하마에서도 손님이 찾아왔다.

어느 날 손님 한 분이 와서 조미료 알레르기가 있는데, 내가 해준 음식을 먹으니 속이 편하다면서 조리법을 알려달라고 했다. 부엌으로 들어오라고 했다. 안 가르쳐 줄 이유가 없었다.

나중에 보니 조미료 알레르기가 있던 손님은 건전한 음식을 보급하는 모임에서 활동하고 있는 분이셨다. 어느 날 아사가야阿佐ヶ谷 보건소 직원들이 조사를 나왔는데, 우리 식당이 우수한 음식을 만드는 식당으로 추천을 받았다고 했다. 요리하는 모습을 지켜보고, 음식 칼로리도 재고, 여러 가지 깐깐하게 조사했다. 그 후로 한 달 심사기간을 거쳐서 심사 통과 통보와 함께 '이 집의 추천메뉴는 삼계탕과 비빔밥'이라는 포스터가 도착했다. 두 달쯤 지나니 도쿄판 '착한 식당' 인증서가 왔다. 우리식으로 표현하면, 보건소 지정 '착한 식당'이 된 것이다.

認証番号第658号

ヘルシーメニュー推奨店

認　証　書

認証店所在地　杉並区成田東5丁目42番10号 104
認証店屋号　味家
認証店業種　飲食店

貴店を健康都市杉並の実現に向けた取組みの一環として食の環境づくりをめざす「ヘルシーメニュー推奨店」に認証します

認証期間　平成24年4月27日から
　　　　　平成27年4月26日まで

平成24年4月27日

杉並区杉並保健所長　深澤　啓治

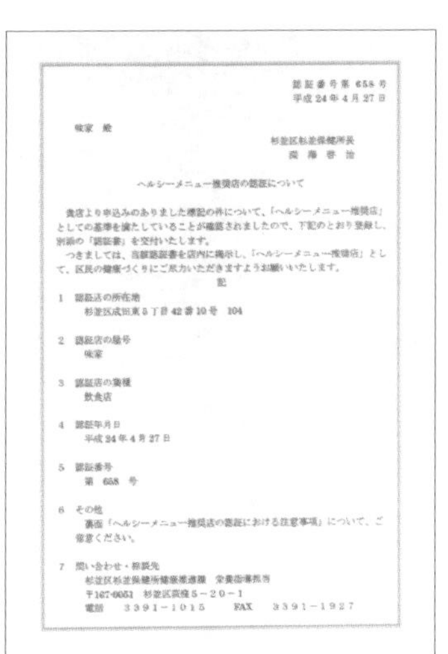

認証番号第658号
平成24年4月27日

味家　殿

杉並区杉並保健所長

ヘルシーメニュー推奨店の認証について

貴店より申込みのありました標記の件について、「ヘルシーメニュー推奨店」としての基準を満たしていることが確認されましたので、下記のとおり登録し、別添の「認証書」を交付いたします。
つきましては、当該認証書を店内に掲示し、「ヘルシーメニュー推奨店」として、区民の健康づくりにご尽力いただきますようお願いいたします。

記

1　認証店の所在地
　杉並区成田東5丁目42番10号　104

2　認証店の屋号
　味家

3　認証店の業種
　飲食店

4　認証年月日
　平成24年4月27日

5　認証番号
　第　658　号

6　その他
　裏面「ヘルシーメニュー推奨店の認証における注意事項」について、ご留意ください。

7　問い合わせ・相談先
　〒167-0051　杉並区荻窪5－20－1
　電話　3391－1015　FAX　3391－1927

도쿄에서 받은 착한 식당 인증서

직접 만들어 먹는 것보다 더 좋은 한식문화 전파가 있을까? 고객들의 요청으로 식당에서 한식을 가르쳤다. 20년 넘게 일본어를 강의했던 연륜으로 음식강의도 술술 잘 되었다. 좋아하는 음식을 가르치니 더 신나기도 했다. 일어 강사를 그만두고 음식 공부를 하러 다시 일본에 왔는데 한식을 가르치고 있다니, '가르치는 게 팔자구나' 하는 생각이 들었다.

보건소 지정 식당이 되면 지역행사에 참가할 수 있는 특혜가 주어진다. 착한 식당 인증을 받고 얼마 지나 아사가야 구청에서 지역 축제 도시락을 만들어 달라는 의뢰가 왔다. 축제 참가자들을 위한 도시락 1,500개를 납품해 달라는 것이었다. 아쉽지만 귀국 일정이 잡혔던 때라 포기했다. 지금까지 미가를 계속 했더라면 대박까지는 아니더라도 꽤 성공했을 것이다. 그렇지만 돈 벌 목적이 아니었던 식당이라 쉽게 접고 귀국할 수 있었다. 미가를 하는 동안 가까이에서 도움을 준 일본 지인들의 고마움을 잊을 수 없다. 또한 미가를 통해 많은 손님을 만나며 건강한 한식의 미래를 엿볼 수 있었다.

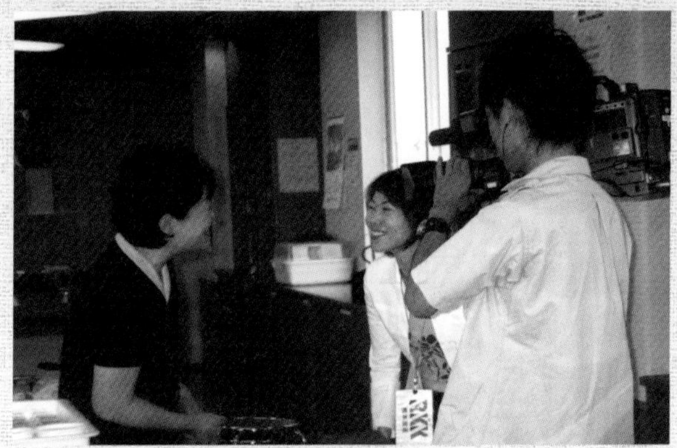

일본 TV 방송 인터뷰 모습(위)
미가에서 예약 손님들과 즐거운 한때.

쌀누룩을 만나다

2011년 3월 11일 동일본 대지진이 있었다. 진도 9.0, 엄청난 진동이 일본열도 전체를 뒤흔들고 전 세계를 충격에 빠뜨렸다. 지진도 지진이지만 후쿠시마福島 원전 파괴는 전후 최고의 국가 위기를 불러왔다. 일본에서 제법 오래 머물렀지만 그렇게 무서운 경험은 처음이었다. 늦은 점심을 먹고 막 나갈 준비를 하던 그 시간을 지금도 잊을 수가 없다. 마침 둘째가 한국에 나가 있어서 안심은 되었지만, 그날 이후 대지진에 대한 뉴스를 보면서 후쿠시마에 살았던 것은 아니지만 일본에 머물렀던 우리 가족들이 다친데 없이 무사한 것이 얼마나 감사했는지 모른다.

동일본 대지진은 많은 사상자를 냈다. 특히 후쿠시마 원전 지역은 피폭 후유증에 시달리고 있다. 사고로 많은 생명과 생활 터전이 사라졌다. 그리고 건강한 음식재료에 대한 걱정을 불러왔다. 후쿠시마 지역 경제를 위해 그 지역에서 생산된 재료를 사용하자는 몇몇 기업의 운동도 있었지만, 내 가족의 건강을 생각하면 선뜻 손이 가지 않는다.

몇 년이 지났지만, 지금도 주부들은 방사능에 노출된 음식재료가 식탁에 오를까 봐 노심초사한다. 우리나라에서도 방사능 유출 사고가 있었던 초기에는 생선이라면 무조건 꺼리는 현상으로 어민들이 힘들었다고 한다. 그러니 일본산 특히 후쿠시마 인근에서 잡힌 생선이 유통되는 것에 모두 민감할 수밖에 없다. 4년이 다 돼가는 지금도 원자력발전소는 복구되지 못한 상태고, 언제 모든 상황이 정리될지 알 수 없으니 답답하다.

일본은 원전사고 이후 2차세계대전 때 방사능에 피폭당한 사람들의 식생활에 대해 재조명했다. 매크로바이오틱(일본에서는 마크로비오틱이라고 한다) 수업을 마칠 무렵 어느 날 텔레비전을 보는데 2차 대전 중 있었던 히로시마 원폭 투하에서 살아남은 사람들에 대한 이야기가 나왔다. 당시 고립되었던 사람 중에서 먹을 것이 없어서 미소된장으로 연명했던 이가 있었다고 한다. 조사를 해보니 다른 사람에 비해 방사능 피폭량이 적었다. 방사능 피폭을 당한 사람 중에서 비교적 건강한 사람들을 조사해보니 대부분 미소된장을 많이 먹었다는 것이다. 미소된장에 포함된 지배콜린이라는 성분이 방사능 물질이나 독성물질을 체외로 배출시키는 등 방사능 면역체계를 키워준다는 내용이었다.

지진으로 방사능 유출 사태가 생기기 전까지는 우리가 된장을 자주 먹으면서도 특별하게 생각하지 않는 것처럼 일본인들도 미소된장의 효능에 무관심했다. 일본인들이 즐겨 먹는 미소된장이 나 일본술(사케)은 다 쌀누룩을 기본으로 만든다. 일본음식의 기본이 쌀누룩에서 나온다고 해도 과언이 아니다. 그저 옆에 있으니 아무 생각 없이 먹던 쌀누룩 발효 음식들이 지진이 나고 방사능 유출 사고가 터지자 일본인들의 관심을 집중시켰다. 다큐멘터리를 보면서 쌀누룩에 대한 궁금증은 더해 갔다. 일본사람들이 마법의 조미료라 부르는 쌀누룩과 소금누룩을 어떻게 만드는지 배워야겠다는 생각뿐이었다. 마침 일본열도에 쌀누룩, 소금누룩 열풍이 불었다. 소금누룩이 2011년 일본 10대 히트 상품에 선정되기도 했다. 지금은 쌀누룩, 소금누룩의 항암작용까지 밝혀져 시판되는 제품도 많다. 그러나 먹는 사람들은 있어도 만드는 사람은 흔하지 않았다. 백방으로 수소문했지만, 선뜻 가르쳐준다는 사람을 찾을 수 없었다.

귀국날짜는 점점 다가오고 쌀누룩을 배울 길이 없어 발을 동동 구르고 있는데, 마침 강의를 듣던 할머니 한 분이 쌀누룩을 만들 줄 안다고 하셨다. 10년 넘게 사귄 음식 선생님들도 안 가르쳐준다던 쌀누룩을 그분이 흔쾌히 가르쳐 주신다고 했다. 강의를 다니며 쌀누룩 만드는 법을 배우는 것만으로는 만족할 수 없었다. 결국 귀국 일정을 늦추고 할머니가 사는 마을에 머물면서 본격적으로 쌀누룩 발효법을 배웠다.

쌀누룩은 우리 누룩으로는 만들 수 없다. 쌀누룩을 만들려면

구마모토 미사토초에서
쌀누룩을 배웠다.
평범한 할아버지, 할머니이지만
나에게 고마운 스승이다 .

일본 발효음식을 만들 때 쓰는 개량 누룩을 써야 한다. 쌀, 누룩, 물이면 만들 수 있는 쌀누룩과 거기에 소금을 더한 소금누룩이면 인공 화학조미료 없이도 모든 음식을 맛있게 만들 수 있다. 살아 있는 발효 조미료 쌀누룩과 소금누룩의 매력에 흠뻑 빠져드는 순간이었다.

구마모토와 소금누룩

일본 규슈의 중심에 자리한 구마모토熊本. 나와는 참 인연이 깊은 곳이다. 울산에서 일본어 강사를 하던 시절부터 연이 닿아서 10년 넘게 구마모토의 지인들과 우정을 쌓고 있다. 울산 한·일 교류협회 회장으로 울산 진장중학교와 구마모토 마사토초美里町중학교를 결연시키는 가교역할을 하기도 하고, 구마모토 예술단을 울산에 데려와 울산 예술단과 함께하는 문화 공연을 기획하기도 했다. 자주 교류하다 보니 자연스럽게 구마모토의 정계, 예술계의 다양한 분들과 인연을 맺게 되었다. 특히 구마모토 교류회 회장 가족과는 한가족이나 마찬가지다. 일본어 학원 아이들을 데리고 일본 연수를 가거나, 유학을 갔을 때도 많은 도움을 받았다. 일본에 다시 음식 공부를 하러 갔을 때도 혈육처럼 도움을 줬다. 일본에서는 집을 빌릴 때 보증 설 사람이 필요하다. 무턱대고 부동산에 갔다가 보증 설 사람이 필요하다는 말에 전화로 불쑥 이야기했는데, 단번에 '오케이'라는 것이다. '돈이야 내가 내는 것이고 그저 보증인데 뭐' 그렇게 편하게 생각했던 것인데 부동산 사장 반응이 달랐다. 화들짝 놀라면서 도대체 어떤 관계냐는 것이다. 그래서 그냥 아는 분이라고 했더니 고개를 갸우뚱한다. 일본에서는 가족들도 보증을 잘 안 선단다. 그래서 보증 없이 구할 수 있는 방을 찾는 사람들도 많다고 한다. 듣고 보니 내가 참 어처구니없는 부탁을 했구나 싶었다. 그런 내 부탁에 흔쾌히 응해 주셨으니 '우리를 정말 한가족처럼 여기는구나!' 마음속 깊이 감사했다. 지금도 기요나가 하루미 씨 가족에게 감사 드린다.

미가가 자리 잡고 음식 강의를 할 무렵 구마모토에서 연락이 왔다. 미사토美里라는 곳에서 지역 농산물을 이용해 수익성 높은 가공식품을 개발하는데, 와서 한국 발효음식 강의와 실습을 해달라고 했다. 구마모토라면 가까운 후쿠오카에도 한국 요리를 잘하는 사람이 있었을 것이다. 강의료에 항공료, 숙박비까지 비용도 더 들 텐데 굳이 도쿄에 있는 내게 연락해 준 것에 감사했다. 한 달에 한 번씩 미사토 마을을 찾았다.

미사토 마을은 일본에서도 남동쪽 구석에 있는 시골 마을로, 후쿠오카에서 차로 두 시간 걸리는 곳이다. 가까이 아소 산이 있고, 마을로 차도 별로 다니지 않는 조용한 곳이다. 면사무소에 마을 사람들을 모아놓고 마을에서 나는 농산물로 김치와 고추장 만드는 법을 가르쳤다. 대부분 마을 분들은 연세가 지긋하셨지만, 가공식품을 만드는 데 열정이 대단했다. 이런저런 질문에 답하고

구마모토시와 울산시
문화교류 가교역할을 할 때

구마모토 지인들과 함께 일본 전통가(家)를 찾아. 맨오른쪽이 기요나가 하루미 씨다.

이야기를 나누면 배우는 것이 더 많았다.

미사토는 아스파라거스가 많이 난다. 아스파라거스를 이용한 음식을 개발하다가 김치도 담그게 되었다. 생소하지만 아삭한 맛이 일품이다. 미사토 촌장님이 다른 곳에는 절대 알려주지 말라고 당부할 정도로 맛있었다. 그 외에도 배추김치, 양배추김치. 여러 가지 재료로 김치도 담그고 한국에서 가져간 고춧가루로 고추장을 담그기도 했다. 매달 동사무소에 모여 발효음식을 만들고, 서로 음식에 대한 이야기를 나누다 보니 어느새 마을 사람들과 정이 돈독해졌다. 세미나 뒤로는 김치와 고추장을 담그기 위해 우리나라 고추와 배추 종자를 한국에서 가져다 기른다고 한다.

울산을 찾은 와타나베 할머니 가족과 시노즈카 할아버지 가족, 내게 참 소중한 분들이다.

많은 분의 도움을 받았지만 내게 쌀누룩과 소금누룩을 가르쳐 주신 와타나베渡辺 할머니 가족과 시노즈카篠塚 할아버지 가족은 지금도 오가면서 쌀누룩 발효를 배우는 내 스승님들이시다. 아무 조건 없이 쌀누룩, 소금누룩 만드는 법을 가르쳐주시고, 소스 개발을 위한 재료까지 손수 만들어 주신다.

누룩 관련 자료를 모두 보내주시고, 심지어 울산에 찾아와 쌀누룩이 잘 발효되고 있는지 확인해 주신다. 쌀누룩이 잘 발효되지 않을 때는 전화통에 매달리는 날도 있다. 친딸처럼 챙겨주시는 두 분이 정말 오카상(お母さん, 어머니), 오토상(お父さん, 아버지) 같다. 얼마 전에는 고추장을 응용한 고추소스를 개발했다는 연락을 받았다. 5~6월 아스파라거스 철이 되면 다시 미사토에 가고 싶다.

구마모토 미사토에서 그곳 전통방식으로 쌀누룩을 만드는 장면.
이제 익숙해질 법도 한데, 솜털같이 일어나는 누룩균을 만질 때면
여전히 마음이 설렌다.

열정을 깨우는 긍정 레시피

아침에 눈을 떴을 때 마주 볼 사람이 있고, 해야 할 일이 있는 삶은 행복하다. 아직은 내 손길이 필요한 남편이 고맙고, 이제는 내게 생활비를 주겠다는 아이들의 말에 행복하다. 내 강의를 기다리는 학생들에게도 항상 고마운 마음이다. 오늘 뭐 하지가 아니라 빨리 가야지 하는 마음을 갖게 하는 사람들이다. 요리연구가로 방향을 튼 지 6년여, 이제는 나이 드는 것이 두렵지 않다. 일본에서 돌아온 이후로 나이를 생각할 겨를이 없다. 아침 7시에 집에서 나와 오전, 오후 강의를 하고 다음날 강의 준비를 하면 새벽 한 두 시가 훌쩍 넘어간다. 백화점 강의가 있는 날은 신선한 재료 준비를 위해서 아침 일찍 장을 봐야 한다. 강의가 없는 날은 새로운 메뉴 개발로 하루가 더 바삐 지나간다.

도쿄에 있을 때는 걷거나 지하철이나 버스 같은 대중교통을 이용했다. 바쁜 일상에서 책을 읽거나 생각을 정리하는 유일한 시간이었다. 습관이 되어서인지 지금도 집에서 스튜디오까지 버스를 탄다. 한 시간 넘는 거리가 오히려 반갑다. 이제는 되도록 대중 교통을 이용하는 버릇이 생겼다. 집에서는 할 일이 눈에 띄어 가만히 있지 못한다. 번잡한 버스 안에서 오히려 여유를 찾을 수 있으니 이상한 일이다. 바쁘게 지내다 도쿄에 가는 비행기를 타면 그 시간이 그렇게 행복하고 여유로울 수가 없다. 이동하면서 느끼는 여유로움이 좋아서 후쿠오카에 갈 때는 일부러 밤 배를 타기도 한다. 비행 기록만 복사용지로 두 장 반이니 한가로울 틈 없는 날이었지만, 오히려 그 안에서 여유를 찾았다.

첫 직장을 들어갈 때만 해도 소극적이고 조용한 성격이었다. 직장생활을 하고 아이들을 키우면서 스스로 강해지지 않으면 안 되었다. 여자는 약하고 엄마는 강하다고 했던가? 엄마를 강하게 만드는 힘은 남편과 자식들의 든든한 후원인 것 같다. 내가 도움을 주고 거둬야만 한다고 생각했던 그들에게 언젠가부터 기대고 있는 나를 발견한다. 가족들의 든든한 후원이 없었다면 50대 주부가 경제적인 문제를 비롯해 모든 것을 내려놓고 유학을 감행하지는 못했을 것이다. 내 뒤에 든든하게 서 있는 두 아들과 남편에게 당당하고 멋진 엄마와 아내가 되기 위해서 쓰러질 것처럼 힘든 날에도 허리를 꼿꼿하게 세운다.

"해야 할 일이라면 즐기자! 하고 싶은 일은 반드시 하자!"

새로운 음식을 개발하는 것은 정말 즐거운 일이다. 지금은 내가 아는 모든 음식에 소금누룩을 접목할 방법을 연구하고 있다.

소금누룩을 쓰면 설탕, 후추, 조미료, 기름을 줄일 수 있어 요리를 전문으로 하는 나에게는 꿈의 조미료라 생각된다. 소금누룩으로 발효시킨 물김치는 시원하고 깔끔한 맛이 그만이다. 앞으로 발효 조미료를 접목한 창작 음식을 계속 연구할 것이다. 요즘도 일본에 다녀올 때마다 트렁크에 요리책만 한가득이다. 책 속에 있는 다양한 음식 중에서 내가 할 수 있는 것, 다른 요리들과 접목할 방법을 찾는다. 사람이 사는 것, 아이를 키우는 것도 먼저 살아간 사람들의 지혜를 배우고 모방하는 데서 나오는 것 아니겠는가. 음식도 마찬가지라고 생각한다. 다행히 아직 음식에 대한 호기심이 사그라지지 않았고, 새로운 음식에 도전하는 것을 주저하지 않는 열정이 남아 있다. 요리에 대한 내 열정은 나이를 잊은 것 같다.

대학에서 의상학을 전공하고 화장품회사에서 미용 사원 교육 담당자로 순탄한 사회생활을 시작했던 내가 어느 날 일본어 선생이 되어 나타났을 때 주변 사람들 모두 뜻밖이라는 반응이었다. 그런데 이제 요리 선생이 되었다고 하니 놀라는 이 하나 없이 다들 그럴 줄 알았다는 반응이다. 아이들이 어렸을 때부터 한동네에서 지내던 엄마들은 이구동성으로 "그래, 맞아. 당연히 그럴 줄 알았어!" 한다. 비로소 몸에 맞는 옷을 입은 듯 편안하다.

귀국 직후
발효건강음식을
소개하는 자리.

중국 대경시
한려원(한국요리 레스토랑)에서
요리사 교육.

부산 김밥집 할머니

노래 잘하는 사람들을 보면 참 부럽다. 강의를 오래 하면 고질병처럼 쉰 목소리가 따라온다. 20년 일본어 선생으로 살고 나서 나는 높은음을 낼 수 없는 멍에를 안게 되었다. 이제는 높은음을 낼 수가 없다. 그래서 전자오르간이 그리 배우고 싶은지도 모르겠다. 현업에서 은퇴하면 하고 싶은 일 중 하나가 전자오르간 치는 할머니가 되는 것이다. 오르간을 싣고 다닐 트럭을 한 대 사서, 남편은 차를 운전하고 나는 오르간을 치며 팔도를 유람하고 싶다. 노인회관을 찾아다니며 궁짝궁짝 흘러간 옛 노래를 연주하며 흘러간 시간을 위로하고 싶다. 오르간을 치면 듣는 사람들이 얼마나 흥겨워할까? 생각만으로도 즐겁다. 이제는 손가락도 굳고 눈앞의 악보도 희미하니 이룰 수 없는 꿈인지도 모르겠다. 우리 인생은 뭐든 다 할 수 있을 만큼 시간이 길지는 않다는 것을 안다. 그러니 포기할 것은 포기해야 하지만 그래도 혹시나 남은 인생에 보너스처럼 오르간을 배울 기회가 주어진다면 정말 열심히 배울 것이다. 그저 혹시나 하는 작은 기대감이지만, 이것이 바로 삶을 반질거리게 하는 윤활유다.

또 하나의 꿈은 시장 김밥집 할머니가 되는 것이다. 시장에 가면 마냥 즐겁다. 사람 사는 냄새가 난다. 저마다 가슴에 사연 한 자락 품었을 테지만, 한 덩어리로 어울려 왁자지껄 하루를 살아가는 모습은 숭고하기만 하다. 무기력해지고 지칠 때마다 시장을 찾으면 언제냐 싶게 활기찬 삶이 나를 반긴다. 그 안에서 부대끼면서 뜨거운 가슴으로 살고 싶다.

우리 부부는 일본에서 마주했던 노년의 메밀국숫집 주인장 내외처럼 같은 공간에서 느긋하게 여생을 살 것이다. 우리도 여느 부부들처럼 티격태격 부딪치며 살아간다. 항상 내 맘 같은 날만 있었을 리 없다. 아이들이 어릴 때는 아이들 때문에, 입시가 다가오면 입시 때문에 결혼이 닥치니 결혼 때문에. 손자가 태어나면 손자들 때문에 서로 참고 백년해로를 하는 것이 부부다. 그렇지만 살면서 고마운 순간들이 참 많았다. 남편을 만났기에 일본어 강사가 될 기회를 얻었고, 외조 덕분에 요리연구가의 길을 걷게 되었다. 이제는 바쁜 아내와 사느라 덩달아 여유없이 사는 남편과 함께할 노년을 꿈꾼다. 함께 꿈꾸는 지금 우리 부부는 행복하다.

김밥집을 차릴 장소는 항구도시 부산, 시끌벅적한 자갈치시장이면 좋겠다. 그곳에는 항구의 뱃고동 소리, 사람들의 생기가 세상의 맥박처럼 뛰고 있다. 이른 아침 문을 열고, 매일 신선한 재료로 김밥을 말고 손칼국수를 끓여내는 분식집 할머니가 되리라. 너덧 명쯤 앉을 수 있는 자그마한 공간에서 시장의 활기에 몸을 맡기고 지내리라. 바쁘게 지내다 한 달에 한 번쯤 여행을 떠날 것이다. 일본행 밤 배에 몸을 실어도 좋고, 작은 가방 하나 챙겨서 떠나는 소박한 여행을 꿈꾼다. 눈을 감고 가만히 떠올리면 저절로 미소가 지어진다.

뒤돌아보니 내 삶은 물 흐르듯 지났구나 싶다. 딱히 무엇을 정해 놓고, 무엇이 되겠다는 마음을 먹은 적도 없다. 주어진 하루하루에 충실했을 뿐이다. 일본어 강사가 된 것도 그랬다. 딱히 어학에 재능이 있었던 것도 아니고, 일본어 공부를 해서 뭘 하겠노라고 결심한 적도 없다. 그런데 주어진 여건에 반하지 않고 걷다 보니 어느새 선생이 돼 있었다. 힘든 시절도 있었다. 처음 일본에서 일본어를 배우던 때도 그랬고, 일본어 강사가 되어 한창 잘나가던 시절에도 위기는 있었다. 요리연구가가 된 지금도 여전히 위기 속에서 배우고 깨달으며 살아간다. 한고비 한고비 뛰어넘을 때마다 인생은 더욱 숙성되어 간다. 나는 늘 '지금, 여기'를 살았고, 최선을 다했다. 차근차근 나만의 길을 걷다 보니 '무언가'가 돼 있었다. 아내에서 엄마로 일본어 강사에서 요리연구가로 인생의 맛이 점점 더 깊어지고 있다.

지금까지 일본어 강사나 요리연구가가 되기 위해 살아왔다면 앞으로는 어떻게 살지 꿈꾸고 싶다. 저 멀리 있는 뭔가를 이루겠다는 꿈이 아니라, 내 안에 이미 다 있는 재료로, 나만의 레시피로 빚어낼 수 있는 꿈을 꾸고 싶다. 학위를 따고 성취하고, '요리연구가'라는 직업을 가진 것이 행복하지 않다는 것이 아니라, 또다시 행복한 꿈을 찾아 떠나고 싶기 때문이다. 소금누룩에 대해 공부를 했고, 건강에 좋은 음식을 다른 사람들에게 알려보자는 뜻에서 요리연구가가 되었다. 박사과정을 마친 소금누룩 요리 전문가가 '고작' 김밥집이라고? 누군가는 그렇게 물을 수도 있을 것이다. 누구나 값싸고 맛있게 먹을 수 있는 음식이 김밥 아니던가? 그 안에 건강한 맛을 채워 많은 이들에게 내 재주를 나누고 싶다.

좋은 음식을 사람들에게 베푸는 일은 나를 즐겁게 한다. 노년에는 음식으로 사람들을 즐겁게 해주고 싶은 마음도 있다. 사회에도 도움이 되는 일이며, 나이 들어서도 얼마나 품위 있는 일인가? 연륜으로 음식 맛도 한층 깊어질 것이다. 그저 연구만 하는 요리연구가가 아니라 개발한 음식들을 사람들에게 가르치고 건강한 음식을 전하는 '푸드 코디네이터Food coordinator'가 되고 싶다. 음식은 나누는 것도 좋지만, 해먹는 방법을 가르쳐주는 것이 더 좋다고 생각한다. 스스로 해 먹는 음식은 더 애정이 가기 마련이다. 내가 정말 좋아하는 음식들을 많은 사람이 함께 나눌 수 있으면 좋겠다. 부산 자갈치시장 어딘가 자그마한 가게에서 소금누룩으로 간을 맞춘 세상에서 가장 맛좋고 건강에 좋은 김밥을 만나게 될 것이다. 일 년 혹은 한 달, 아니 당장 내일이 될 수도 있다.

새로운 길 앞에서 혹시 길을 잘못 들까 주저하고, 시간이 더 걸릴까 봐 걱정하는 게 우리 삶의 맨모습이다. 물론 새로운 길을 가다 보면 어둠도 있고 비바람도 맞아야 한다. 하지만 낯선 거리에서 길을 찾고 그 길에 최선을 다하는 즐거움이 얼마나 큰지 지나온 삶을 통해 경험했다. 그 속에서 예상치 않았던 좋은 사람들, 많은 행운을 만났고, 점점 더 넓어져 왔다. 가보지 않은 사람들이 결코 느끼지 못한 그 무언가가 내가 살아온 길속에 분명히 있다. 김밥집 할머니. 이 꿈을 현실이 된다면 다시 새로운 사람들과 만나고 예기치 않은 행운에 마음 설레게 될 것이다. 그 소소한 일상은 또 얼마나 큰 행복일까.

항구의 작은 김밥집 문을 여는 날, 자갈치시장의 활기와 바다 냄새를 깊이 호흡하며 눈앞에 펼쳐진 풍경들을 여유롭게 바라볼 것이다. 더는 바쁘지 않게 느릿느릿한 일상 속에서, 그러나 여전히 그 '다음'을 꿈꾸며 김밥을 말고 있을 것이다. 찾아오는 손님 모두가 내 김밥 한 조각에 행복한 미소를 지을 수 있도록.

2. 소금누룩, 음식으로 피어나다

몸에 좋은 발효조미료,
소금누룩

소금누룩이란?

소금누룩은 쌀누룩에 소금과 물을 섞어 2차 발효 · 숙성시킨 시오코지しおこうじ라는 일본의 전통 조미료다. 오래전부터 채소나 생선을 숙성시킬 때 이용해왔다. 후쿠시마 원전 유출사고 이후, 2011년 후반부터 소금누룩을 이용한 다양한 요리법이 책이나 요리교실을 통해서 알려지고 있으며 점점 더 인기를 얻고 있다.

우리나라에서도 소금누룩과 유사한 흔적을 찾을 수 있다. 고문헌을 찾아보면 고구려시대 '해'라는 음식이 있다. 해는 누룩에 소금을 넣고 발효시켜 만든다고 기록되어 있다. 조선시대에는 '소금으로 담기', '소금과 누룩을 섞어서 담기', '소금과 술에 기름과 천초를 넣어 담기', '소금에 엿기름찹쌀밥을 넣어 담기'같은 젓갈 담그는 법이 전하는데, 그중 '소금과 누룩을 섞어서 담기'는 어쩐지 소금누룩을 연상시킨다. 비슷한 조리법으로 아직까지 남아있는 것이 제주도 전통막장이다. 삶은 콩을 절구에 빻아 소금, 누룩, 물을 넣고 잘 섞어서 숙성시켜 만든다. 삶은 콩에 소금과 물을 더하는 것은 된장이나 간장의 변형처럼 보이지만, 누룩이 들어가는 점은 주목할 만하다.

소금누룩의 효능

소금누룩에는 매일 섭취해야 하는 비타민, 미네랄 같은 영양성분이 풍부하다. 누룩균이 지니고 있는 효소가 우리 몸에 필요한 포도당이나 필수아미노산을 만들어낸다. 특히 소금누룩은 적은 양으로 감칠맛을 낼 수 있어 음식을 만들 때 사용되는 소금량을 획기적으로 줄일 수 있다. 염분은 낮추더라도 감칠맛이 풍부해져 맛이 좋아지므로 건강과 맛 두 가지를 동시에 만족시킬 수 있다.

소금누룩은 소금에 없는 여러 가지 영양소를 포함하고 있으므로 소금 대신 음식에 사용하면 좋다. 소금누룩을 이용해서 만든 음식은 효소의 영향으로 놀랄 만큼 맛이 진해진다. 육류, 생선류, 채소류에 소금 누룩을 바르거나 절이면 식품 중의 전분, 단백질이 당이나 아미노산으로 가수분해돼서 육류나 생선류 특유의 잡냄새가 없어지고 연하고 부드러워진다. 또한 채소류 본래의 향이 살아난다. 소금누룩을 활용한 요리법은 단순하고 간단해서 집에서 쉽게 활용할 수 있다. 고기, 생선 야채 절임은 재료분량의 7~10퍼센트의 소금누룩 양이 적당하다. 생선이나 고기를 소금누룩에 절여 하루 이틀 정도 숙성시키면 다른 조미료가 필요 없을 정도로 단맛과 감칠맛이 증가한다.

나에게 쌀누룩 발효를 전수해주신
구마모토 마사도초 시노즈카 씨와 함께

소금누룩 만드는 법

재료

- 쌀누룩 200g
- 소금 70g(쌀누룩과 소금은 3:1 비율)
- 물 200~250cc

기본 준비

1. 냉동시킨 쌀누룩을 해동시킨다.

2. 보존 용기를 소독한다.

만들기

1. 쌀누룩은 손으로 비벼가며 체온으로 활성화시킨다.
2. 1에 소금을 넣어 고루 섞은 다음 손으로 쥐어서 잘 뭉쳐지면 물을 끓여 식힌 후 넣어 섞는다.
3. 소독한 보존 용기에 넣고 완전히 밀폐되지 않도록 뚜껑을 살짝 덮는다.
4. 여름에는 일주일, 겨울에는 열흘 정도 상온에서 보관하면서, 하루에 한 번씩 전체가 고루 섞이도록 잘 저어주면 산소 주입과 발효가스 배출 효과가 있다.
5. 발효가 완료되면 밀봉해서 냉장 보관한다.

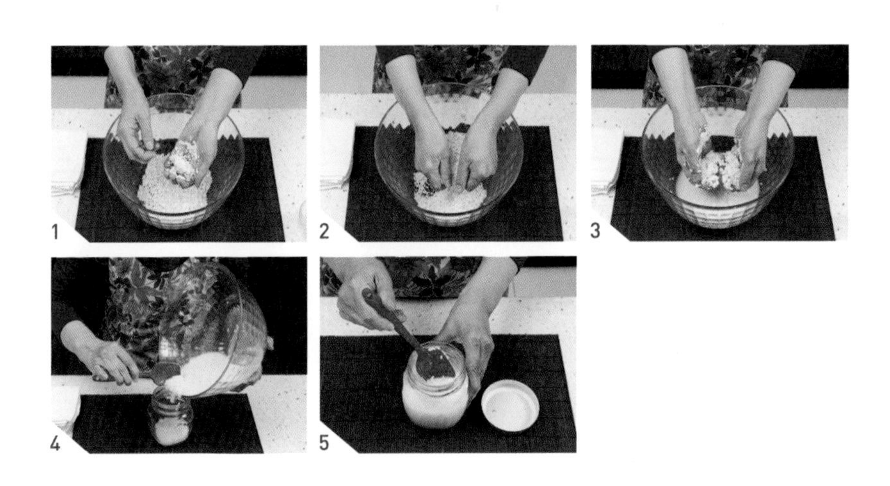

Tip

1. 발효할 때는 가스가 발생하기 때문에 발효용기를 밀봉하지 않는다.
2. 보존 기간은 냉장고에서 6개월 정도이며 누룩균은 살아있기 때문에 시간이 지남에 따라 맛도 증가한다.
3. 완성된 소금누룩은 도깨비방망이나 믹서로 갈아서 액상 상태로 쓰면 좋다.
4. 소금누룩에 파란 색, 또는 핑크 색 곰팡이가 생기면 발효가 잘못된 것이다. 실패 확률은 낮지만 소금 양이 부족하거나 물의 양이 많다든지 보존용기가 청결하지 못하면 곰팡이가 생길 수 있다.

소금누룩 절임음식

소금누룩 발효 두부치즈

소금누룩에 절이면 시간이 지남에 따라 놀라운 맛의 변화를 느낄 수 있다. 5~6일이 지나면 크림치즈 같은 맛을 느낄 수가 있다.

재료

- 단단한 두부 1모
- 소금누룩 2큰술(재료 양의 10%)

재료 밑손질

1. 두부의 물기를 가볍게 빼둔다.

만들기

1. 소금누룩 1큰술을 평평한 보존용기에 넓게 펴 바른다.
2. 물기를 뺀 두부를 소금누룩을 바른 보존 용기 위에 놓고 나머지 소금누룩을 두부 전체에 골고루 펴 바른다.
3. 용기 뚜껑을 닫고 냉장고에서 5~6일 정도 냉장보관한다. 발효시키는 동안 두부에서 나오는 물은 따라 버린다.
4. 발효시킨 두부는 그대로 먹기도 하고, 약한 불에 구워 먹기도 한다.

1. 발효 중간에 생기는 물기를 없애야 맛있는 두부치즈가 된다.
2. 발효 두부치즈를 굽거나, 찜이나 탕 요리에 사용하면 설탕을 사용하지 않아도 감칠맛을 낼 수 있다.

소금누룩 채소 절임

채소에 소금누룩을 섞어 재워두는 것만으로 단맛과 감칠맛을 끌어올릴 수 있다. 소금이나 설탕을 따로 넣지 않아도 되니 염도나 칼로리가 낮아 다이어트에 도움이 된다.

재료

- 콜라비 100g
- 무 100g, 오이 1개
- 파프리카(적·황) 1/4개 씩
- 대추토마토(적·황) 6알
- 소금누룩 2큰술
- 채 썬 유자 껍질(또는 레몬 껍질)

재료 밑손질

1. 콜라비는 껍질을 벗긴다.
2. 오이는 굵은 소금으로 문질러 씻는다.
3. 무는 껍질을 벗겨 손질해 둔다.

만들기

1. 준비된 재료를 먹기 좋은 크기로 큼직하게 썬다.
2. 유자 껍질(또는 레몬 껍질)은 곱게 채 썬다.
3. 지퍼백에 손질한 채소와 소금누룩을 넣고 잘 섞어 냉장고에 1~2일 둔다.

1 한두 시간 뒤부터 먹을 수 있다.

소금누룩 과일 발효 김치

재료

- 배추 2포기
- 쪽파 200g
- 붉은 고추200g
- 파프리카(붉은색) 1개
- 사과 2개
- 배 2개
- 양파 2개
- 무(大) 1개
- 마늘 2통
- 생강 1쪽
- 생선누룩 1컵
- 통깨 1큰술

재료 밑손질

1. 배추는 손질하여 1/2로 잘라 뿌리 부분에 반만 칼집을 넣어 손으로 자른다. 소금물에 적셔 위 줄기 부분만 소금을 뿌린다.
2. 양파, 배, 무, 사과, 파프리카, 마늘, 생강, 붉은 고추(생)는 깨끗이 씻어 즙기에 넣어 즙을 내어 생선누룩으로 간을 맞춰 숙성시켜 둔다.
3. 쪽파를 씻어 4cm 길이로 자르고, 붉은 고추도 반으로 어슷하게 썬다.

만들기

1. 절인 배추를 깨끗이 씻어 물기를 빼고 용기에 담는다.
2. 준비한 과일 즙을 냉장고에서 하루 정도 미리 숙성시켜두었다가 절인 배추에 붓고 쪽파와 붉은 고추를 넣는다.
3. 간은 식성에 따라 생선누룩으로 조절한다.
4. 겨울에는 2일, 여름에는 1일 정도 상온에서 숙성시켜 냉장고에 넣어 보관한다.

소금누룩 발효 육포

소금누룩으로 발효시킨 육포는 잡냄새가 나지 않고, 일반 육포보다 쫄깃하다.

재료

- 홍두깨살 1Kg
- 소금누룩 50g
- 청주 2컵
- 꿀 2큰술
- 배즙 1컵
- 간장 1큰술
- 생강즙 1큰술
- 잣가루 1큰술

재료 밑손질

1. 홍두깨살을 5mm정도로 얇게 저민다.
2. 청주 1컵에 저민 홍두깨살을 10분 정도 담갔다가 채반에 받쳐 핏물을 빼고, 다시 남은 청주에 담가 한 번 더 핏물을 뺀다. 키친타월로 꾹꾹 눌러 물기를 제거한다.
3. 핏기를 빼고 손질한 쇠고기에 소금누룩을 발라 하룻동안 숙성시킨다.

만들기

1. 간장, 배즙, 꿀, 마늘, 생강즙을 잘 섞어서 양념장을 만든다.
2. 숙성시킨 쇠고기에 양념장을 넣고 잘 섞어서 20~30분 정도 절인다.
3. 양념이 배면 채반에 널어 뒤집어가면서 자연 건조시킨다. 건조기를 사용할 때는 70도(℃)에서 8시간 정도 건조한다.
4. 건조된 육포에 잣가루를 뿌린다.

1. 핏물을 잘 제거해야 맛있는 육포를 만들 수 있다.
2. 쇠고기는 50도(℃) 뜨거운 물에 1분 30초 정도 담가 두었다가 씻으면 잡냄새나 핏물을 금방 제거할 수 있다.

소금누룩 활용음식

곤약 표고버섯 볶음

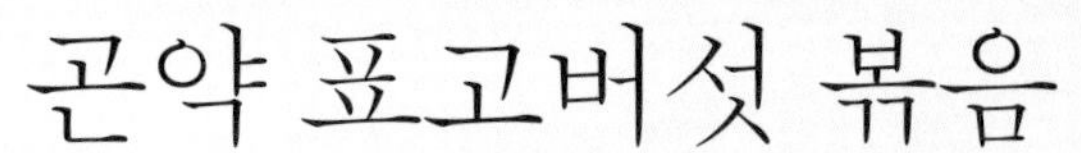

곤약은 97%가 수분으로 이루어져 있어 변비개선에 좋다. 칼로리가 없어 혈당 상승을 억제하고, 콜레스테롤 수치를 내려주기 때문에 비만, 당뇨병, 고혈압 개선에도 좋은 식품이다. 육류 요리 시에 곤약을 함께 사용하면 지방흡수를 억제할 수 있다. 또 곤약은 체내에서 부피가 늘어나기 때문에 포만감을 빨리 느껴 과식을 방지할 수 있다.

재료

- 곤약 1장
- 표고버섯 1팩
- 마늘 2쪽
- 마른고추 3개
- 간장 1큰술
- 소금누룩 1큰술
- 올리브 오일 1큰술
- 통깨 조금
- 술 1큰술

재료 밑손질

1

1. 곤약은 5mm정도 두께로 길이는 1cm 정도로 잘라 중앙에 칼집을 넣어 꼰다. 물에 곤약을 넣어 3~4분 정도 삶아 씻은 다음 물기를 빼 둔다.
2. 표고버섯은 물에 불려서 먹기 좋은 크기로 채 썬다.
3. 마른 고추는 어슷하게 썬다.
4. 마늘은 편으로 썬다.

만들기

1. 달군 팬에 올리브 오일을 넣고, 표고버섯을 살짝 볶아낸 후 마늘을 살짝 볶는다.
2. 볶은 표고버섯과 마늘, 준비된 곤약을 넣고 볶다가 곤약에 기름이 배면 간장을 넣어 색을 입힌다.
3. 불을 끄고 소금누룩으로 간을 맞춘다.
4. 썰어놓은 홍고추를 넣고, 팬에 남은 열기로 살짝 볶는다.
5. 통깨를 뿌려 접시에 담는다.

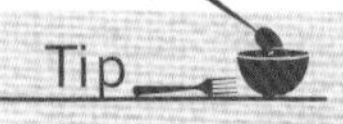

곤약은 영양가가 없기 때문에 다른 재료와 함께 요리한다.

소금누룩 조개찜

바지락은 갱년기 이후 뼈가 약해져 많이 나타나는 여성들의 골다공증 예방과 칼슘 보급에 도움이 되며, 빈혈에 좋은 철분을 함유하고 있어 여성들에게 좋은 식품이다. 칼슘흡수를 돕는 비타민C, 비타민D가 많은 음식과 함께 섭취하면 효과적이다.

재료

- 바지락 300g
- 작은 조개류 300g
- 버터 1큰술
- 소금누룩 1큰술
- 쪽파 3줄기
- 마늘 1쪽
- 화이트 와인 1/2컵
- 다진 청·홍고추 약간
- 후춧가루 약간

재료 밑손질

1. 바지락과 조개류는 깨끗이 씻은 뒤 소금물에 하루 정도 담가 어두운 곳에서 해감한다.
2. 마늘은 칼등으로 으깬다.
3. 쪽파는 다진다.

만들기

1. 달군 팬에 버터를 넣고, 다진 마늘을 볶는다.
2. 마늘향이 나면 손질한 바지락과 조개류를 넣어 볶는다.
3. 화이트 와인을 붓고 뚜껑을 덮어 찐다.
4. 바지락과 조개류가 입을 벌리면 불을 끄고 다진 파, 다진 청·홍고추, 다진 파를 넣고, 소금누룩으로 간한다.
5. 준비한 그릇에 담는다.

1. 조개를 해감할 때 50℃ 뜨거운 물에 5분 정도 담가 두었다가 깨끗이 씻으면 바로 해감할 수 있다.
2. 방울토마토를 넣어 함께 볶아도 좋다.

흰살생선 채소찜

재료

- 대구(흰살생선) 2조각(170g)
- 전분 2큰술
- 올리브 오일 1큰술
- 채 썬 레몬 껍질(유자 껍질)

소스재료

- 당근 1/4개
- 팽이버섯 1/2묶음
- 파 1줄기
- 다시물 1컵
- 전분 물(물 1큰술, 전분 1/2큰술)
- 간장 1큰술
- 소금누룩 1큰술
- 맛술 1작은술
- 고추기름 1큰술

재료 밑손질

1. 생선살에 소금누룩을 발라 30분간 둔다.
2. 당근과 파는 채 썬다.
3. 팽이버섯은 반으로 잘라 가닥가닥 떼어낸다.
4. 물 1큰술에 전분 1/2큰술을 넣고 개어서 전분물을 만든다.

만들기

1. 생선살에 전분을 묻혀 약한 불로 갈색이 될 때까지 양면 모두 고루 굽는다.
2. 냄비에 다시물을 넣고 다시물이 끓으면 채 썬 당근, 팽이버섯을 넣고, 간장, 맛술, 고추기름을 넣어 간을 맞춘다. 끓어오르면 전분물을 넣어 걸쭉하게 소스를 만든다.
3. 마지막으로 채 썬 파를 넣고 불을 끈 다음 소금누룩으로 간을 맞춘다.
4. 구운 생선을 접시에 담고 소스를 끼얹은 다음 채 썬 레몬껍질을 고명으로 얹는다.

냉동 생선살은 완전히 녹여 물기를 제거한 뒤 소금누룩에 숙성시킨다.

소금누룩 우엉조림

재료

- 우엉 300g
- 소금누룩 2큰술
- 간장 2작은술
- 갈은 깨 2큰술
- 술 2큰술

재료 밑손질

1. 우엉은 껍질을 50℃ 뜨거운 물로 깨끗이 씻어 4cm로 자른 다음 세로로 1/4로 자른 뒤 찬물에 잠시 담가 둔다.
2. 냄비에 우엉이 잠기도록 물을 부어 5~6분 정도 삶는다.

만들기

1. 소금누룩, 간장, 술을 냄비에 넣어 살짝 끓여 손질해둔 우엉을 넣고 약한 불에서 잘 섞어준다.
2. 양념 맛이 우엉에 잘 뱄을 때 불을 끄고 갈은 깨를 넣어 골고루 섞는다.
3. 접시에 나란히 담는다.

소금누룩 애호박탕

재료

- 애호박 1개
- 청양고추 1개
- 파(흰 부분) 2뿌리
- 물 1.5컵
- 다진 마늘 1/2큰술
- 소금누룩 1큰술
- 참기름 1큰술

재료 밑손질

1. 애호박은 둥글게 3mm 두께로 자른다.
2. 청양고추는 다지고, 파는 얇게 어슷하게 썬다.
3. 마늘은 다진다.

만들기

1. 달군 냄비에 참기름을 두르고 다진 마늘을 볶다가 마늘향이 나면 애호박을 넣어 볶는다.
2. 물을 부어 중불에서 한소끔 끓인다.
3. 불을 끄고 소금누룩으로 간한다.
4. 그릇에 담아 다진 청양고추와 파를 얹는다.

닭다리살 스테이크

재료

- 닭고기다리 살 2장(400g)
- 샐러드용 채소(어린잎채소, 혹은 양배추)
- 표고버섯 1장
- 방울토마토
- 간장누룩 1큰술
- 올리브유 1큰술
- 녹말가루 3큰술
- 스테이크 소스(맛술, 간장 1큰술, 식초 1큰술, 꿀 1/2큰술, 후추 1작은술),
- 샐러드 소스(간장누룩 1큰술, 후추 1작은술, 식초 2큰술, 올리브유 3큰술).

재료 밑손질

1. 닭다리살은 칼집을 넣어 간장누룩 1큰술로 20분 정도 재워둔다.
2. 방울토마토, 채소는 깨끗이 씻어 손질한다.
3. 표고버섯은 불려 둔다.

만들기

1. 재워둔 닭고기에 녹말가루를 골고루 묻혀 달군 팬에 기름을 두르고 중불에서 약한 불로 조정하면서 앞뒤로 바싹 구워낸다.
2. 잘 구워진 닭고기를 한 쪽에 놓고 팬을 기울여 스테이크 소스를 넣고 닭고기에 끼얹어가며 골고루 묻혀 윤기가 나도록 조린다.
   이때 표고버섯도 함께 넣어 조린다.
3. 접시에 담고 준비해둔 채소를 곁들여 샐러드소스를 끼얹어 먹는다.

토마토소스 연근 햄버거

재료

- 연근 100g
- 다진 돼지고기 150g
- 올리브 오일 1큰술
- 간장누룩 2큰술
- 어린잎 채소
- 달걀 1/2개
- 빵가루 1/4컵

소스 재료

- 다진 양파 1/4개
- 토마토 1개
- 토마토케첩 1큰술
- 소금누룩 1큰술

재료 밑손질

1. 연근은 껍질을 벗겨 얇게 썰어서 식초 물에 담근다.
2. 물기를 뺀 연근을 곱게 다진다.
3. 돼지고기는 잘게 다져 간장누룩에 한 시간 이상 숙성시킨다.
4. 양파와 토마토는 잘게 다진다.

만들기

1. 간장누룩에 숙성시킨 돼지고기에 다진 연근과 달걀, 빵가루를 넣고 잘 섞는다.
2. 반죽을 넷으로 나눠 둥글넓적하게 빚는다. 한가운데를 움푹하게 누른다.
3. 팬을 달구어 기름을 두르고 중불에서 갈색이 나도록 양면 모두 구운 뒤, 속까지 익도록 약불에서 뚜껑을 덮고 양면을 뒤집어가며 10분 정도 더 익힌다.
4. 다진 양파를 갈색이 나도록 볶다가 다진 토마토를 넣고 한 번 더 볶는다.
5. 토마토케첩과 소금누룩으로 간한다.
6. 접시에 완성된 햄버거를 담고 소스를 끼얹는다.

돼지고기 배추볶음

돼지고기의 비타민B1과 식초는 궁합이 잘맞는 음식 중 하나다. 둘을 함께 먹으면 피로회복에도 효과가 좋다.

재료

- 돼지고기 대패 삼겹살 150g
- 건조 목이버섯 10개
- 배추 1/4포기
- 마늘 1개
- 소금누룩 1큰술
- 파프리카(빨강) 1/2개
- 참기름 1/2큰술
- 식초 1/4컵

재료 밑손질

1. 배추는 한 입 크기로 찢는다.
2. 돼지고기 대패 삼겹살은 소금누룩 10g에 30분 정도 숙성시킨다.
3. 목이버섯은 물에 불려 뿌리 부분을 떼어내고 한입 크기로 썬다.
4. 파프리카는 큼직하게 채 썬다.
5. 마늘은 칼등으로 눌러 으깬다.

만들기

1. 팬을 달구어 중불에서 참기름과 마늘을 넣고 볶다가 마늘향이 나면 숙성시킨 돼지고기를 넣어 바삭하게 굽는다.
2. 배추를 함께 넣어 볶다가 목이버섯과 파프리카를 넣어 마저 볶는다.
3. 식초를 넣고 강불에서 수분을 날린 다음 불을 끄고 소금누룩으로 간한다.

삼겹살 기름이 걱정되면 50도℃ 뜨거운 물에 1분 정도 씻는다. 처음 씻을 때는 표면이 흰색으로 변하지만 시간이 지나면 핑크색으로 돌아온다. 씻은 뒤 물기를 빼고 소금누룩을 넣어 냉장고에서 숙성시켜 그날 바로 요리를 한다. 뜨거운 물로 씻으면 산화된 기름이 제거되고, 핏물도 빠져 감칠맛이 난다.

단호박 두유수프

단호박은 비타민C, 식이섬유, 베타카로틴 등 암을 예방하는 물질이 풍부하게 포함되어 있다. 베타카로틴은 오렌지색 색소를 가진 카로티노이드로서 체내에서 비타민A로 바뀌어 점막을 보호하기 때문에 감기 등 감염증을 예방한다.

재료

- 단호박 100g
- 양파 1/2개
- 호박 고구마 1개
- 두유 300ml
- 소금누룩 1/2큰술
- 올리브 오일 또는 버터 1큰술
- 건조 당근 조금

재료 밑손질

1. 단호박과 고구마는 껍질을 벗겨 얇게 썰고 양파도 얇게 썬다.
2. 당근은 얇게 썰어서 건조시킨 다음 기름에 튀긴다.

만들기

1. 달군 냄비에 올리브 오일 혹은 버터를 넣고 준비된 단호박, 고구마, 양파를 넣어 잘 볶는다.
2. 채소가 볶아지면 두유 300ml를 붓고 중불에서 끓이다가, 끓어오르면 약불에서 재료가 으깨질 때까지 15~20분 정도 더 삶는다.
3. 다 삶아지면 믹서에 곱게 간 다음 소금누룩으로 간한다.
4. 수프 접시에 담고 건조 당근으로 장식한다.

녹황색 채소에 많이 함유돼있는 카로틴은 기름과 함께 섭취하면 흡수가 빠르다.

소금누룩 우동채소볶음

재료

- 삶은 우동 2인분
- 돼지고기 삼겹살 60g
- 청경채 30g
- 숙주 30g
- 양배추 2잎
- 붉은 파프리카 1/2개
- 당근 1/3개
- 파 1/2뿌리
- 샐러드유 2큰술, 소금누룩 1큰술

소스 재료

- 간장 1큰술
- 물 1 & 1/2컵
- 맛술 1큰술

재료 밑손질

1. 돼지고기는 얇게 저며 소금누룩에 30분 이상 재운다.
2. 삶은 우동은 끓는 물에 살짝 데친다.
3. 파프리카와 양배추는 한입 크기로 썰고, 당근도 얇게 한입 크기로 썬다.
4. 청경채와 숙주는 씻어서 물기를 빼둔다.
5. 파는 어슷하게 썬다.

만들기

1. 팬에 샐러드유를 두르고 소금누룩에 재운 돼지고기를 갈색이 나도록 볶는다.
2. 돼지고기가 익으면 준비한 채소를 넣어 함께 볶다가, 마지막에 우동을 넣고 준비된 우동소스를 넣어 강한 불에서 잘 섞어준다.

표고버섯 근채류밥

재료

- 표고버섯 20g
- 우엉 20g
- 당근 20g
- 연근 20g
- 유부 1/2장
- 쌀 2~3인분
- 간장누룩 2큰술
- 다시마물 2~3컵

재료 밑손질

1. 표고버섯은 깨끗이 씻어 물에 불려 채썰어둔다.
2. 연근, 당근은 한입 크기로 얇게 썬다.
3. 우엉은 얇게 어슷썰기하여 연근과 함께 물에 잠시 담가서 물기를 뺀다.
4. 유부는 뜨거운 물에 데쳐 채 썰고 쌀은 30분정도 물에 담가두었다 물기를 빼둔다.

만들기

전기밥솥에 쌀을 넣고 다시마 물을 부은 다음 간장누룩과 나머지 재료를 넣어 밥 짓기를 한다(양념장에 비벼 먹어도 된다).

양념장(생선누룩 1큰술, 간장누룩 1큰술, 파, 마늘, 고춧가루, 참기름)을 넣어 잘 섞어준다.

소금누룩을 소스로 활용하기

간장누룩

간장누룩은 소금누룩과 같은 방법으로 만드는데, 소금 대신 간장을 이용한다. 간장누룩은 간장 대신 요리에 사용한다. 생선이나 볶음 요리에 활용하면 음식의 감칠맛을 더할 수 있다. 간장누룩을 음식에 넣을 때는 50도(℃) 이하에서 첨가해야 살아있는 효소를 즐길 수 있다.

재료

- 쌀 누룩 400g
- 간장 500cc

만들기

1. 쌀누룩은 손으로 비벼가며 체온으로 활성화시킨다.
2. 손으로 쥐어서 잘 뭉쳐지면 500cc 분량의 간장을 넣어 섞는다.
3. 소독한 보존용기에 넣고 완전히 밀폐되지 않도록 뚜껑을 살짝 덮는다.
4. 여름에는 일주일, 겨울에는 열흘, 상온에서 보관하면서
   하루에 한번씩 전체가 고루 섞이도록 잘 저어주면
   발효가스 배출효과가 있다 .
5. 발효가 완료되면 밀봉해서 냉장보관한다.

시금장

재료

- 보리등겨 가루 500g
- 발효시킨 밀 250g
- 보리쌀 반 되
- 진간장 150cc
- 소금누룩 150cc
- 조청 조금

만들기

1. 보리쌀을 씻어서 불린 후 진밥을 지은 다음 뜨거울 때 조청을 넣고 섞는다.
2. 보리밥이 되직해지도록 보리등겨 가루를 섞는다.
3. 여기에 간장, 소금누룩을 넣어 섞는다.
4. 상온에서 3~4일정도 발효시킨 뒤 냉장보관한다.

1. 반 건조 무, 당근, 청양고추를 넣어도 좋다
2. 모든 재료를 섞을 때 삶은 콩을 넣기도 한다. 밥을 지을 때 되직하면 삶은 콩물을 넣어 농도를 조절한다.

소금누룩 발효 막장

재료

- 메주가루 500g
- 띄운 밀 250g
- 고운 고추가루 1컵
- 고추씨가루 1컵
- 쌀누룩잼 2컵
- 소금누룩 2컵
- 국 간장 1컵
- 삶은 콩 물 2컵
- 엿기름물(엿기름 250g, 물 1,000cc)

재료 밑손질

1. 메주콩을 깨끗하게 씻어서 하룻밤 불린 다음 삶아서 콩물을 준비한다.
2. 엿기름에 물을 조금씩 부어가면서 바락바락 주무르다, 물을 1,000cc 정도 부어 엿물을 한 시간 이상 우린다. 엿물이 우러나면 전분이 섞이지 않도록 윗물만 따라서 엿기름물을 준비한다.

만들기

1. 준비한 엿기름물을 약불에서 양이 2/3로 줄어들 때까지 졸인다.
2. 끓인 엿기름물을 식힌 다음, 준비된 재료와 양념을 모두 넣고 잘 섞는다.
3. 잘 섞어주면서 7~10일 정도 상온에서 발효시킨다.
4. 발효되면 냉장보관하고, 2주일 정도 지난 뒤부터 먹는다.

1. 재료를 섞을 때 물의 양은 농도를 보면서 조절한다.
2. 여름에 만들 경우는 바로 냉장고에 넣어 발효시켜야 한다.

쌀누룩으로 만든 저염 된장

쌀누룩으로 만든 저염 된장은 여러 가지 성인병 예방에 효과가 있다.

재료

- 메주콩 500g
- 쌀누룩 500g
- 간수 뺀 천일염 200g

재료 밑손질

1. 메주콩을 하룻밤 물에 불린다.
2. 쌀누룩을 손으로 잘 비벼 활성화시킨 뒤 소금을 넣어 다시 쌀누룩이 뭉쳐질 때까지 비빈다.
3. 보존용기를 미리 준비해둔다.

만들기

1. 압력솥에 하룻밤 불린 메주콩에 물을 넣고 끓기 시작하면, 약한 불에서 15~20분 정도 손가락으로 눌렀을 때 콩이 쉽게 뭉개질 정도로 삶는다.
2. 쌀누룩과 소금을 잘 섞어둔다.
3. 삶은 콩을 채에 받쳐 콩 삶은 물과 분리해 놓고 콩이 뜨거울 때 자루에 넣어 방망이로 두드려 곱게 으깬다. 콩 삶은 물은 콩과 쌀누룩을 섞을 때 농도 조절에 사용한다.
4. 으깬 콩에 쌀누룩을 잘 섞어 야구공처럼 둥글게 만들어 미리 준비해 둔 용기에 공기가 들어가지 않도록 아래 쪽을 향해서 던져 넣는다.
5. 용기 표면을 편편하게 꾹꾹 눌러 준다. 가장자리에 소금을 두르고 랩을 꼭 덮어 공기에 접촉하지 않도록 한다. 그 위에 알코올(소주)에 적신 천을 덮는다. 용기 벽에 묻은 것은 곰팡이의 원인이 되므로 반드시 닦아낸다.
6. 용기에 먼지 등이 들어가지 않도록 천으로 덮어 끈으로 묶는다. 온도 변화가 적고 바람이 잘 통하는 장소에서 4~5개월 정도 발효시킨다. 시간이 지남에 따라 연갈색에서 짙은 갈색으로 변한다. 때때로 뚜껑을 열고 곰팡이가 생겼는지 확인한다. 만약 곰팡이가 생겼을 때 그 부분만 덜어낸다.

1. 발효가 끝난 된장은 냉장보관한다.
2. 만약 윗물이 생기면 한 번 저어서 섞어준다. 농도는 삶은 콩물로 조절한다.
3. 15℃ 이하에 보관하면 맛이 잘 유지된다.

무설탕 쌀누룩잼

쌀누룩잼은 찹쌀, 멥쌀 등으로 죽을 쑤어 전기밥솥에서 50~60도(℃)에서 보온하여 열 시간 정도 발효시켜 비타민, 필수아미노산 등의 영양소를 얻을 수 있는 건강식이다.

효능

1. 쌀누룩잼은 설탕을 사용하지 않고 자연의 단맛을 얻을 수 있다.
   이 단맛은 쌀누룩에 포함돼있는 아밀라아제 효소가 쌀의 전분질을 분해해서 포도당으로 만들기 때문이다. 우유나 두유, 요구르트, 샌드위치 등에 조미료로 사용하거나 설탕 대신에 사용하기도 한다.

2. 쌀누룩잼이 건강에 미치는 영향.
- 음식의 소화, 흡수에 도움이 된다.
- 면역력 증진 및 미용에 효과가 있다.
- 신진대사 촉진효과가 있어 장의 면역력을 높이고 체내 독소 배출을 활성화한다.

재료

- 쌀누룩 200g
- 쌀(현미, 찹쌀) 150g
- 물 700~900cc

만들기

1. 쌀을 씻어 물기를 빼고 700~900cc량의 물을 부어 죽을 만든다.
   죽이 완성되면 50~60℃가 되도록 식힌다.
2. 식은 죽에 쌀누룩을 넣어 잘 섞은 다음 전기밥솥에 넣어
   보온 상태로 둔다.
3. 전기밥솥 뚜껑을 열고 밥솥 위에 나무젓가락을 놓은 다음 천을 덮고
   뚜껑을 덮는다.
   (내용물의 온도가 50~60℃가 되도록 유지하는 것이 중요하다.)
4. 보온 상태에서 한 시간 뒤 나무주걱으로 잘 섞어준다.
   그 뒤는 두세 시간 간격으로 잘 저어준다. 열 시간이 지난 뒤에는
   죽이 걸쭉하게 변하면서 단맛이 난다.
5. 완성된 잼은 용기에 담아 냉장고에서 2주 정도까지 보관이 가능하다.

1

2

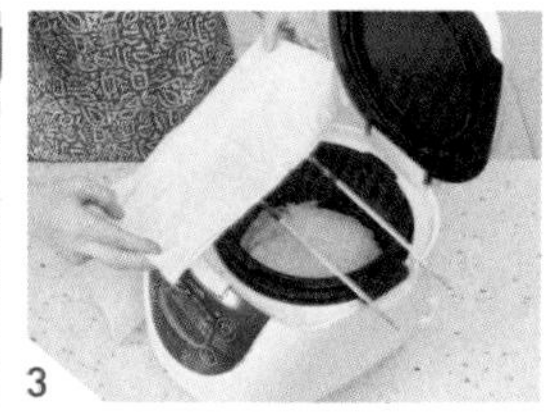
3

4

Tip

1. 발효시킬 때 온도가 중요하므로 반드시 온도계를 준비한다.
2. 찹쌀로 하면 단맛이 더 강해진다.
3. 냉동보관도 가능하다.
4. 60℃ 이상에서는 발효균이 죽기 때문에 살아있는 효소를
   섭취하기 위해서는 60℃ 이상 가열하지 않는다.

1

쌀누룩 블루베리 토스트

재료(4인분)

- 식빵 2장
- 버터 1큰술
- 쌀누룩잼 4큰술
- 블루베리 갈은 것 2큰술

만들기

1. 식빵에 버터를 발라 토스트기 또는 팬에 바싹 굽는다.
2. 구워진 식빵을 삼각형으로 자른다.
3. 쌀누룩잼에 블루베리 간 것을 섞어 구운 빵 위에 얹어 먹는다.

무 쌀누룩잼 절임

재료(4인분)

- 무 400g
- 소금누룩 60g
- 쌀누룩잼 100g
- 다시마 6cm 2장
- 마른 고추 2개

재료 밑손질

1. 무는 껍질을 벗기고 4등분으로 잘라 깨끗이 씻는다.
2. 마른 고추는 둥글게 잘라 씨를 뺀다.

만들기

1. 자른 무를 지퍼백에 소금누룩과 함께 넣고 잘 비벼 냉장고에 하룻밤 재워둔다.
2. 수분을 제거하고 쌀누룩잼, 다시마, 마른 고추를 넣어 냉장고에 다시 하룻밤 둔다.

1. 무를 소금누룩에 숙성시키면 수분이 나온다. 그 수분을 제거하는 것이 포인트다.
2. 조금씩 자주 만들어 먹는다. 보존 기간은 1주일 정도이다.
3. 저염, 무설탕 절임으로 훌륭한 건강식이다.

부록

50도(℃) 세척과 70도(℃) 찜

일본에서 음식을 공부한 뒤로 음식 재료를 씻을 때 50도(℃) 물로 씻는다. 따뜻한 물로 재료를 씻는다고 하면 고개를 갸우뚱하겠지만, 한번 씻어보면 50도 세척이 얼마나 좋은지 알 수 있을 것이다. 오래전부터 일본의 온천지역에서는 뜨거운 온천물로 채소를 씻었다. 벳푸 온천지역에는 65도 온천수 증기를 활용한 '지옥찜'도 있다. 그 특별함 때문인지 일본 사람들은 온천지역의 음식은 다 맛있다고 한다.

일본의 히라야마 이세이(平山一政)는 40년 전부터 효과적으로 채소를 찌는 방법을 연구했는데, 100도에서 찌는 것보다 70도의 저온에서 찌면 재료의 단맛이 강해지고 감칠맛과 씹는 맛이 좋아지는 것을 발견했다. 특히 수확 후 시간이 지나 시든 재료를 70도로 찌면, 풋내가 없어지고 싱싱해지며 잡균이 제거되어 오래 보관할 수 있었다. 최근 일본에서는 50도세척법과 70도 찜이 관심을 끌고 있다.

저온으로 조리한 재료는 비타민이나 미네랄의 손실이 적어 영양분을 효과적으로 섭취할 수 있다. 비만이나 성인병 예방을 위해서는 하루에 채소

350그램 정도를 섭취하면 좋다고 한다. 50도 세척과 70도 찜은 채소를 맛있게 만들어서 더 많은 양을 먹을 수 있도록 한다. 맛이 좋아진 재료로 음식을 만들면 기름, 조미료, 설탕, 염분 등도 줄일 수 있어서 음식의 열량을 낮출 수 있다. 또 탄력을 증가시켜 씹는 횟수가 늘어난다. 잘 씹는 것은 중추신경을 자극해 과식을 방지하고 소화액 분비가 좋아져 소화를 돕는다. 소화 활동이 활발해지면 체온이 상승하고 대사기능이 좋아지므로 식후 인슐린 감소에도 좋다. 채소 섭취량이 많으면 그만큼 식이섬유 섭취량도 늘어나 포만감이 길어지고 변비 해소에 좋다. 또한 당이나 지방질의 흡수를 완화해 지방합성을 줄이는 효과도 있다. 육류나 생선류도 잡내와 기름기를 줄일 수 있어 효과적이다.

'50도 세척'과 '70도 찜'은 채소뿐 아니라 육류와 생선도 맛있게 먹을 수 있어 균형 잡힌 식생활과 건강한 다이어트로 연결될 수 있다.

재료를 살리는 50도(℃) 세척법

'50도(℃) 세척법'은 찌는 것에서부터 시작됐다. 실제로 숙주나물을 50도 물로 씻으면 색이 선명해지고, 씹는 느낌도 더 아삭해진다. 시든 잎채소를 50도 물에 씻으면 잎이 되살아나는 것을 볼 수 있다. 이것은 시들면서 수축되었던 식물의 기공이 순간적인 쇼크로 열리면서 수분을 흡수하는 원리다. 50도는 식물 내 아밀라아제 효소를 활성화시키고, 펙틴의 결합을 세분화하여 탄력을 높이는 데 좋은 온도다. 또한 재료 표면에 붙은 이물질, 산화물질, 휘발성분 등을 제거하는 데도 효과적이다. 채소뿐만 아니라 육류나 어패류도 50도 물로 씻으면 좋다. 육류의 잡내나 생선 비린내의 원인이 되는 휘발성분을 증발시키고, 수분을 흡수해 맛이 더 좋아진다. 씻은 후 50도 물에 잠시 담가두면 음식재료의 숙성이 진행되어 더욱 맛이 좋아진다. 단, 채소는 50도 세척으로 보관기간이 길어지지만, 육류나 어패류는 그렇지 않으므로 50도 세척 후에는 바로 조리해야 한다.

50도 세척은 온도를 잘 지켜야 효과적이다. 채소는 43도 이하에서 부패균이 번식하기 쉽고, 55도 이상에서는 세포가 파괴된다. 따라서 45도에서 53도 범위를 넘지 않도록 온도를 잘 맞춰야 한다. 물 온도를 50도로 맞추려면 조리용 온도계가 필요하다. 온수기가 있을 때는 급수 온도를 50도로 맞춰두고 사용하면 흐르는 물을 쓸 수 있어서 편리하다. 50도 물은 목욕물보다 뜨거운 정도로 손가락을 넣어서 3초 정도 머물 수 있는 온도로, 물을 팔팔 끓인 후 바로 같은 양의 찬물을 섞으면 대략 50도가 된다. 이때 음식 재료를 넣으면 물 온도가 내려가므로, 뜨거운 물을 보충해서 50도를 유지해야 한다.

채소 씻기

부드러운 잎채소는 한 장 한 장 떼어내어 뜨거운 물이 스며들도록 부드럽게 씻는다. 특히 양배추는 잎과 잎 사이에 뜨거운 물이 잘 들어가도록 씻어야 한다. 가지, 파프리카, 단호박, 오이, 토마토 등은 뜨거운 물 속에 담근 채 표면을 씻으면, 윤기가 나면서 단맛이 증가한다. 뿌리채소는 50도 물로 씻으면 흙을 효과적으로 제거할 수 있어서 껍질까지 먹을 수 있다. 버섯류는 향이 날아가고 물기를 많이 먹어 보통 씻지 않지만, 50도 물로 씻으면 단맛과 감칠맛이 증가한다.

과일 씻기

날로 먹는 과일을 50도 물로 씻어서 1분에서 1분 30초 정도 담가두면 숙성이 진행되어 단맛이 증가한다. 딸기, 앵두 같은 과일도 깨끗하게 먹을 수 있다. 잘라서 파는 파인애플은 산화가 진행되는데, 50도 세척으로 산화된 과즙이 떨어져 나가 선명한 황금색이 되면서 단맛이 증가한다. 말린 과일은 50도 세척으로 표면의 오일코팅을 제거할 수 있다. 씻은 후 50도 물에 10분간 담가두면 수분을 흡수해 부드럽고 맛있게 먹을 수 있다.

생선 씻기

생선은 기름 부분이 산화되기 쉬우므로 조심스럽게 씻어야 한다. 50도 물로 씻으면 미끈거림과 핏물이 깨끗하게 제거돼 비린내를 없앨 수 있고, 비늘 제거도 쉬워진다. 말린 생선은 물에 씻으면 비린내가 더 심해진다. 50도 물에 담가 표면을 부드럽게 문지르면서 씻으면 갈색으로 변한 부분이 신선한 느낌이 든다. 씻은 후 표면의 물기를 제거하고 잠시 두면 생선살이 부풀어서 감칠맛이 좋아진다. 생선의 산화된 기름을 제거하기 위해서는 1분 30초 정도 충분히 씻어야 한다.

조개류 씻기

조개류를 해감할 때도 50도 물을 이용하면 좋다. 50도 물에 조개를 3~5분 정도 넣어두면 조개가 입을 벌리기 시작한다. 이때 전체를 휘저어가면서 50도 물을 바꿔가면서 몇 차례 씻으면 짧은 시간에 해감할 수 있다. 해감 후 물기를 빼면 조갯살이 통통하게 커져 있고, 특유의 비린내도 나지 않는다.

육류 씻기

육류를 50도 물에 담그면 처음에는 표면이 하얗게 된다. 1분 정도 씻은 후 두면 선명한 분홍색으로 변한다. 육류를 50도 물로 씻으면 기름기가 제거되어 좋다. 단, 씻은 후에는 물기를 빼서 냉장보관해야 하고, 그날 바로 조리해야 한다.

다이어트에 좋은 70도(℃) 찜

100도(℃)에서 시금치를 찌면 수분이 빠지고 숨이 죽어 신선함이 없어진다. 찌기 전보다 찐 후의 중량이 30퍼센트나 감소하는데 그만큼 영양 손실도 크다. 반면에 70도에서 20분간 찐 시금치는 신선한 맛과 촉촉함을 느낄 수 있다. 모든 식물의 세포벽에는 펙틴이라는 물질이 있다. 펙틴은 세포를 결합하는 작용을 하는데, 100도로 가열하면 결합력이 없어져서 부드러워진다. 70도에서는 펙틴의 결합력이 그대로 유지되어 영양소 유출이 적다. 저온에서 천천히 가열하면 전분이 당으로 변하면서 재료의 단맛과 감칠맛이 증가한다.

70도에서 채소를 찌면 비타민C가 파괴되지 않고, 단맛과 감칠맛이 증가한다. 식재료에 열의 침투가 균일하게 이루어지므로 특별한 솜씨가 없어도 누구나 맛있는 찜을 만들 수 있다. 부패균이 사멸되어 보존기간도 길어진다. 70도로 찐 재료는 냉장보관해도 찐 직후의 맛을 유지한다. 찐 재료는 물기를 제거하고 두면 날 것으로 보관하는 것보다 싱싱함이 오래 유지된다. 쪄서 보관해둔 재료를 활용하면 조리시간도 줄일 수 있다. 한 번 찐 재료로 조리하면 튀기거나 볶을 때 기름양을 줄일 수 있으므로 다이어트에도 효과적이다. 일주일에 한 번 정도 여러 가지 음식재료를 한꺼번에 쪄서 냉장보관하면 조리가 더 편리해진다.

온도조절이 가능한 스팀 찜기가 있으면 간편하겠지만, 정확한 온도를 재기 위해서는 조리용 온도계가 필요하다. 찜 온도를 측정할 때는 냄비 속의 물 온도가 아니라 수증기 온도를 측정하면 된다. 찜기의 채반 위에 온도계를 얹어 뚜껑을 덮고 가열하다가 적정온도에 도달하면 불을 끈다. 수증기가 올라오기 시작하면 온도가 쉽게 내려가지 않는다. 저온 찜 온도는 생으로 먹을 채소나 과일은 50~60도, 잎채소나 버섯류는 70도, 콩류와 뿌리채소류는 80~90도, 육류나 어패류는 80도가 적당하다.

채소 찌기

배추는 삶으면 잎은 부드러워지지만 줄기는 수분이 빠져 질겨진다. 70도에서 찌면 잎과 줄기가 모두 부드럽다. 잎이 넓은 채소는 잎이 찢어지지 않고 아삭함을 유지한다. 콜리플라워, 파프리카, 피망, 오이 등 채소에 따라 맛을 내는 온도와 시간이 각각 다르지만, 대부분 70도에서 20분 정도 찌면 좋다. 여러 가지 채소는 한 번에 쪄도 된다. 피클처럼 아삭함을 살리고 싶을 때는 50~60도로 찌면 오랫동안 선명한 색을 유지한다. 무는 찬물을 넣어 찌기 시작해서 85도까지 온도를 높여 1시간 정도 찌면 부드럽다.

버섯류 찌기

버섯은 독특한 맛이 강한 음식재료다. 70도 찜을 하면 독특한 냄새가 없어지고 더 깊은 맛이 생긴다. 통째로 쪄서 보존하면 좋다.

육류 찌기

육류는 80도에서 두께에 따라 얇은 것은 10분, 두꺼운 것은 20분 정도 속까지 익힌다. 찜은 여분의 기름기가 빠지는 조리방식으로 건강식을 만들 때 좋다.

생선 찌기

생선조림을 할 때 80도로 찐 다음에 졸이면 생선살이 부서지지 않고 양념이 잘 스며든다.

참고문헌

1. 『50도씨 세척과 70도씨찜』, 主婦友社, 2012
2. 『History of Koji』, William Shurtleff & Akiko Aoyagi
3. 『면역력을 높이는 소금누룩의 맛있는 레시피』, COSMIC출판
4. 『발효식 만들기』, 하야시히로코
5. 『식탁문명론』, 이시게 나오미찌(石毛直道) 지음, 안명수 옮김, 유한문화